世界一わかりやすい
Adobe XD
CC対応　北村崇 著

UIデザインと
プロトタイプ
制作の教科書

技術評論社

> **注意**

ご購入・ご利用前に必ずお読みください

本書の内容について

● 本書記載の情報は、2018年5月25日現在のものになりますので、ご利用時には変更されている場合もあります。また、ソフトウェアはバージョンアップされる場合があり、本書での説明とは機能内容や画面図などが異なってしまうこともあり得ます。本書ご購入の前に必ずソフトウェアのバージョン番号をご確認ください。

● Adobe XDについては、執筆時の最新バージョンである8.0に基づいて解説しています。紹介しているAdobeのクラウドサービス、サードパーティのアプリケーションまたはサービスについても、本書執筆時点のものです。

● 本書に記載された内容は、情報の提供のみを目的としています。本書の運用については、必ずお客様自身の責任と判断によっておこなってください。これらの情報の運用の結果について、技術評論社および著者はいかなる責任も負いかねます。また、本書の内容を超えた個別のトレーニングにあたるものについても、対応できかねます。あらかじめご承知おきください。

レッスンファイルについて

● 本書で使用しているレッスンファイルの利用には、別途、Adobe XD CCの利用が必要です。Adobe Creative Cloudの利用環境はご自分でご用意ください。

● レッスンファイルの利用は、必ずお客様自身の責任と判断によって行ってください。これらのファイルを使用した結果生じたいかなる直接的・間接的損害も、技術評論社、著者、プログラムの開発者、ファイルの制作に関わったすべての個人と企業は、一切その責任を負いかねます。

> 以上の注意事項をご承諾いただいた上で、本書をご利用願います。これらの注意事項をお読みいただかずに、お問い合わせいただいても、技術評論社および著者は対処しかねます。あらかじめ、ご承知おきください。

Adobe Creative Cloud、Apple Mac・macOS、Microsoft Windowsおよびその他の本文中に記載されている製品名、会社名は、一般にすべて関係各社の商標または登録商標です。

PREFACE　はじめに

近年のWebデザインは、これまでのビジュアル中心のデザインから、プロトタイピングとUIを中心としたデザインへと変化をしています。

そしてその流れを追うように、ここ数年でさまざまなデザインツールやプロトタイピングツールが開発、リリースされてきました。その中でAdobe XDは2017年に正式リリースされたばかりの、まだ新しいアプリケーションです。

AdobeはXD以外にもPhotoshopやIllustratorといった、デザインツールの定番ともいえるラインナップを有しており、各アプリケーションとの連携機能も充実してきています。そしてAdobe XDもその機能を十分に備えており、今後のデザインワークフローにも大きな影響を与えると考えられます。

Adobe XDをはじめとするこれらプロトタイピングツールは、プロトタイピングとUIデザインは別のものではなく、デザインをする上で必要な知識、技術であること、そしてこれまでのビジュアル中心のデザインでは気づくことのできなかった問題点や課題を教えてくれます。

本書ではこれからはじめてプロトタイピングやUIデザインをおこなう方を対象に、Adobe XDの基本操作から応用までを、基礎レッスンと実践形式を交えながら解説し、ただアプリケーションの操作方法だけを学ぶのではなく、UIの考え方や必要性にも触れています。

本書により、少しでも皆さんがプロトタイピングやUIについての知見を広げることができれば幸いです。

最後に、本書を執筆するにあたり、ご協力いただきました濱野 将さん、松下 絵梨さん、編集にご尽力いただきました技術評論社の和田 規さん、そして、本書を手に取っていただきました皆さまに、心より感謝を申し上げます。

2018年5月
北村 崇

本書の使い方

•••• Lessonパート ••••

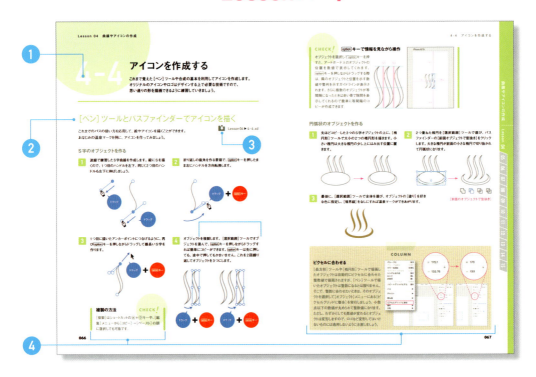

❶ 節

Lessonはいくつかの節に分かれています。機能紹介や解説をおこなうものと、操作手順を段階的にStepで区切っているものがあります。

❷ Step／見出し

Stepはその節の作業を細かく分けたもので、より小さな単位で学習が進められるようになっています。Stepによっては実習ファイルが用意されていますので、開いて学習を進めてください。機能解説の節は見出しだけでStep番号はありません。

❸ 実習ファイル

その節またはStepで使用する実習ファイルの名前を記しています。該当のファイルを開いて、操作を行います（ファイルの利用方法については、P.6を参照してください）。

❹ コラム

解説を補うための2種類のコラムがあります。

> **CHECK!**
> Lessonの操作手順の中で注意すべきポイントを紹介しています。

> **COLUMN**
> Lessonの内容に関連して、知っておきたいテクニックや知識を紹介しています。

How to use　本書の使い方

本書は、Adobe XD CCの導入からはじめてプロトタイピングを習得できる初学者のための入門書です。
ダウンロードできるレッスンファイルを使えば、実際に手を動かしながら学習が進められます。
さらにレッスン末の練習問題で学習内容を確認し、実践力を身につけることができます。
なお、本書では基本的に画面をmacOSで紹介していますが、Windowsでもお使いいただけます。

●●●● 練習問題パート ●●●●

❶ Q（Question）

問題にはレッスンで学習したことの復習となる課題と、レッスンの補足としてプラスアルファの新たな知識を勉強するための設問もあります。

❷ 実習ファイル

練習問題で使用するファイル名を記しています。該当のファイルを開いて、操作をおこないましょう（ファイルについてはP.6を参照してください）。

❸ Before/After

練習問題のスタート地点と完成地点のイメージを確認できます。Lessonで学んだテクニックを復習しながら作成してみましょう。

❹ A（Answer）

練習問題を解くための手順を記しています。問題を読んだだけでは手順がわからない場合は、この手順や完成見本ファイルを確認してから再度チャレンジしてみてください。

キー表記について

本書ではMacを使って解説をしています。掲載したXDの画面とショートカットキーの表記はmacOSのものになりますが、Windowsでも（小さな差異はあっても）同様ですので問題なく利用することができます。ショートカットで用いる機能キーについては、MacとWindowsは以下のように対応しています。本書でキー操作の表記が出てきたときは、Windowsでは次のとおり読み替えて利用してください。

Mac		Windows
command	=	Ctrl
option	=	Alt
Return	=	Enter
Control＋クリック	=	右クリック

005

レッスンファイルのダウンロード

1. Webブラウザを起動し、下記の本書Webサイトにアクセスします。

   http://gihyo.jp/book/2018/978-4-7741-9838-5

2. 書籍サイトが表示されたら、写真右の[本書のサポートページ]のリンクをクリックしてください。

3. レッスンファイルのダウンロード用ページが表示されます。下記のIDとパスワードを入力して[ダウンロード]ボタンをクリックしてください。

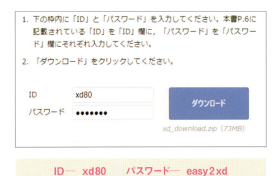

ID— xd80　　パスワード— easy2xd

4. ブラウザによって確認ダイアログが表示されますので、[保存]をクリックします。ダウンロードが開始されます。

5. Macでは、ダウンロードされたファイルは、自動的に展開されて「ダウンロード」フォルダに保存されます。Windows Edgeではダウンロード後[フォルダーを開く]ボタンで、保存したフォルダが開きます。

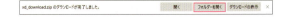

6. Windowsでは保存されたZIPファイルを右クリックして[すべて展開]を実行すると、展開されて元のフォルダーになります。

ダウンロードの注意点

● インターネットの通信状況によってうまくダウンロードできないことがあります。その場合はしばらく時間をおいてからお試しください。

● Macで自動展開されない場合は、ダブルクリックで展開できます。

本書で使用しているレッスンファイルは、小社Webサイトの本書専用ページよりダウンロードできます。
ダウンロードの際は、記載のIDとパスワードを入力してください。
IDとパスワードは半角の小文字で正確に入力してください。

●●●● ダウンロードファイルの内容 ●●●●

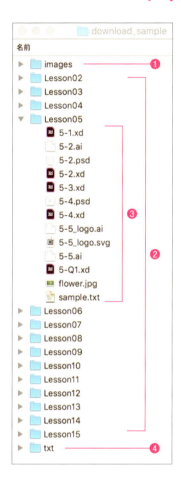

ダウンロードしたZIPファイルを展開すると、download_sampleというフォルダになります。

❶作例で利用するビットマップ画像ファイルが入っています。

❷Lessonごとにフォルダーが分かれています。学習するレッスンのフォルダーを開いてファイルを利用してください。内容によって使用するファイルがないLessonもあります。

❸各Lessonのフォルダーを開くと、実習に利用するファイルが入っています。
- .xd：XD形式のファイルです。Adobe XDで開いて利用します。

以下はXDへのデータの読み込みやコピー利用の際に元になるファイルです。同名のファイルがあるので拡張子を表示してください。
- .ai：Adobe Illustrator形式のファイル
- .psd：Adobe Photoshop形式のファイル
- .svg：SVG形式のファイル
- .jpg：ビットマップ画像ファイル
- .txt：テキストファイル

※.aiや.psdは、IllustratorまたはPhotoshopがないと直接は開けません。Adobe CCコンプリートプランまたは単体でアプリケーションを利用中であれば開くことができます。
※ファイル名の末尾に「z」がついているものは、同じ番号のファイルの実習作業が終わった完成状態のものです。

❹作例でXDに読み込んで使うテキストファイルが入っています。

●●●● Adobe XD CC 日本語版 無償体験版について ●●●●

Adobe XD CC日本語版 体験版（7日間無償）は以下のWebサイトよりダウンロードすることができます。
http://www.adobe.com/jp/downloads.html
Webブラウザで上記Webページにアクセスし、Adobe XDを選択してWebページの指示にしたがってください。なお、Adobe IDの取得（無償）、Creative Cloudメンバーシップ無償体験版への登録が必要になります。

※ Adobe Creative Cloud、Adobe XD CCの製品版および体験版については、アドビ システムズ社にお問い合わせください。著者および技術評論社ではお答えできません。

体験版は1台のマシンに1回限り、インストール後7日間、製品版と同様の機能を無償でご使用いただけます。この体験版に関するサポートは一切おこなわれません。サポートおよび動作保証が必要な場合は、必ず製品版をお買い求めください。

CONTENTS

はじめに …………………………………………………… 003
本書の使い方 ……………………………………………… 004
レッスンファイルのダウンロード ………………………… 006

Lesson 01　プロタイピングとUIデザイン ………… 011

1-1　プロトタイピングとは ………………………………… 012
1-2　プロトタイピングの意味 ……………………………… 015
1-3　UI/UXとプロトタイピング …………………………… 018
1-4　Adobe XD CCについて ……………………………… 020

Lesson 02　XDの基本 ……………………………………… 023

2-1　Adobe XDとは ………………………………………… 024
2-2　Adobe XDのワークスペース ………………………… 026
2-3　アートボードの基本 …………………………………… 030
2-4　ワークスペース操作の基本 …………………………… 033
Q 練習問題 ………………………………………………… 036

Lesson 03　XDでオブジェクトをつくる ……………… 037

3-1　図形を描く ……………………………………………… 038
3-2　オブジェクトの設定 …………………………………… 043
3-3　丸や四角の編集 ………………………………………… 049
3-4　オブジェクトの効果 …………………………………… 053
Q 練習問題 ………………………………………………… 056

Lesson 04　曲線やアイコンの作成 ……………………… 057

4-1　［ペン］ツールで線を描く …………………………… 058
4-2　パスの編集 ……………………………………………… 062
4-3　オブジェクトの合成 …………………………………… 063
4-4　アイコンを作成する …………………………………… 066
Q 練習問題 ………………………………………………… 068

Lesson 05　テキストや画像の扱い ……………………… 069

5-1　テキストの入力 ………………………………………… 070
5-2　テキストの流し込み …………………………………… 075
5-3　テキストのパス化 ……………………………………… 078
5-4　ビットマップ画像の読み込み ………………………… 079
5-5　ベクターデータの読み込み …………………………… 083
Q 練習問題 ………………………………………………… 084

リピートグリッドの利用 ・・・・・・・・・・・・・・ 085
Lesson 06

- 6-1 繰り返しの要素をつくる ・・・・・・・・・・・・・・ 086
- 6-2 リピートグリッドへのデータの流し込み ・・・・・・ 089
- Q 練習問題 ・・・・・・・・・・・・・・・・・・・・・ 094

共通パーツの管理 ・・・・・・・・・・・・・・・・・・ 095
Lesson 07

- 7-1 アセットによるカラーの管理 ・・・・・・・・・・・ 096
- 7-2 アセットによる文字スタイルの管理 ・・・・・・・・ 099
- 7-3 アセットによるシンボルの管理 ・・・・・・・・・・ 101
- 7-4 アセットを組み合わせた管理 ・・・・・・・・・・・ 103
- 7-5 CCライブラリによる素材の共有 ・・・・・・・・・・ 105
- Q 練習問題 ・・・・・・・・・・・・・・・・・・・・・ 114

グリッド設定と画像書き出し ・・・・・・・・・・・・・ 115
Lesson 08

- 8-1 グリッドを表示する ・・・・・・・・・・・・・・・ 116
- 8-2 画像の書き出し ・・・・・・・・・・・・・・・・・ 120
- Q 練習問題 ・・・・・・・・・・・・・・・・・・・・・ 126

プロトタイピング ・・・・・・・・・・・・・・・・・・ 127
Lesson 09

- 9-1 インタラクティブプロトタイプの作成 ・・・・・・・ 128
- 9-2 デバイスプレビューで確認する ・・・・・・・・・・ 136
- Q 練習問題 ・・・・・・・・・・・・・・・・・・・・・ 140

プロトタイプの共有 ・・・・・・・・・・・・・・・・・ 141
Lesson 10

- 10-1 プロトタイプの公開 ・・・・・・・・・・・・・・・ 142
- 10-2 デザインスペックの確認と共有 ・・・・・・・・・・ 145
- 10-3 公開済みリンクやファイルの管理 ・・・・・・・・・ 150
- Q 練習問題 ・・・・・・・・・・・・・・・・・・・・・ 154

共通パーツの作成 ・・・・・・・・・・・・・・・・・・ 155
Lesson 11

- 11-1 UIキットの活用 ・・・・・・・・・・・・・・・・・ 156
- 11-2 コンテンツブロックの配置 ・・・・・・・・・・・・ 158
- 11-3 コンテンツを整える ・・・・・・・・・・・・・・・ 161
- 11-4 ナビゲーションメニューを作成する ・・・・・・・・ 165
- Q 練習問題 ・・・・・・・・・・・・・・・・・・・・・ 170

トップページの作成 ・・・・・・・・・・・・・・・・・ 171
Lesson 12

- 12-1 トップページのレイアウトブロックの作成 ・・・・・ 172
- 12-2 共通要素のアセット登録 ・・・・・・・・・・・・・ 175
- 12-3 コンテンツを挿入する ・・・・・・・・・・・・・・ 177
- 12-4 コンテンツを整える ・・・・・・・・・・・・・・・ 182
- Q 練習問題 ・・・・・・・・・・・・・・・・・・・・・ 190

Lesson 13 フォームや表の作成 …………………………… 191
- 13-1 詳細ページを作成する ………………………… 192
- 13-2 リピートグリッドで料金表をつくる ………… 194
- 13-3 入力フォームの作成 …………………………… 198
- 13-4 記事一覧ページの作成 ………………………… 202
- Q 練習問題 ………………………………………… 206

Lesson 14 プロトタイピングとデータの整理 …………… 207
- 14-1 サイトのインタラクションを設定する ……… 208
- 14-2 UIの動きを疑似的に表現する ……………… 211
- 14-3 データの整理と確認 …………………………… 218
- Q 練習問題 ………………………………………… 222

Lesson 15 Photoshopやサードパーティとの連携 …… 223
- 15-1 Photoshopとの連携 …………………………… 224
- 15-2 サードパーティとの連携 ……………………… 228
- 15-3 Zeplinとの連携 ………………………………… 231

索引 ……………………………………………………………… 236

使用写真について

レッスンファイルでは、ぱくたそ（www.pakutaso.com）の写真素材を利用しています。この写真を継続して利用する場合は、ぱくたそ公式サイトからご自身でダウンロードしていただくか、ぱくたそのご利用規約（www.pakutaso.com/userpolicy.html）に同意していただく必要があります。同意しない場合は写真のご利用はできません。使用している写真は以下になります。

花

https://www.pakutaso.com/20160304062post-7133.html
https://www.pakutaso.com/20160609154post-8021.html
https://www.pakutaso.com/20140716210post-4387.html
https://www.pakutaso.com/20130903262post-3292.html

サイト用

https://www.pakutaso.com/20170702188post-12422.html
https://www.pakutaso.com/20160332074post-7244.html
https://www.pakutaso.com/20160650155post-8043.html
https://www.pakutaso.com/201711443112iphone.html
https://www.pakutaso.com/20170936257post-13242.html
https://www.pakutaso.com/20171219338post-14341.html
https://www.pakutaso.com/20171218360post-14650.html
https://www.pakutaso.com/20180527129post-16101.html

プロトタイピングと
UIデザイン

An easy-to-understand guide to Adobe XD

Lesson 01

現在のWebデザインは、プロトタイピングを軸としたUIデザインが主流となってきています。本書ではAdobe XDを使ったプロトタイプ制作の基本を、UIデザインを交えながら解説していきます。実際にXDでの操作に入る前に、プロトタイプとUIについての基本を知っておきましょう。

Lesson 01 プロトタイピングとUIデザイン

1-1 プロトタイピングとは

近年では、Webサイトやアプリケーションにもプロトタイピングが用いられるようになり、ディレクション、デザイン、コーディングなどが、これまでの制作フローとは大きく変化してきています。
なぜプロトタイプをつくるのかを学んでいきましょう。

プロトタイピングの基本

プロトタイピングとは、ソフトウェアやプロダクトにおけるprototype、つまり原型や模型を試作することを意味します。Webサイトやアプリケーションにおいては、ペーパープロトタイプと呼ばれる紙に手書きのモックアップ（mock-up、外観やレイアウトについて確かめる実物大の模型のこと）から、script（プログラミング言語）を使ったモーションなど動きの見えるアニメーションまでをプロトタイプとして制作する場合もあります。

プロトタイピングをする理由

Webサイトなどこれまでの画面デザインでは、色、タイポグラフィ（文字）、レイアウトなど、デザインの基本ともいえる平面のデザインが中心となっていました。しかし近年、スマートフォンやタブレットなどデバイスが多様化し、Webサイトやスマホアプリが絡み合い、画面内で多様に表現が変化することが一般的になりました。
それにともない、見た目のみではなく、より本物に近いプロトタイプを用いて、操作感や満足度を考慮する必要が生じてきました。動きや状況を重視した立体的な（ユーザーの操作や選択によって変化する）UIデザインが必要となったため、プロトタイピングの手法が広く用いられるようになったのです。

プロトタイピングの効果・メリット

Webサイトやアプリ開発の現場では、開発工数やコスト、クオリティなどさまざまな課題があります。
プロトタイピングはそれらの問題点を減らし、より最適なデザインや開発を行うための手助けとなる手法のひとつです。
具体的には次のようなメリットがあります。

1-1 プロトタイピングとは

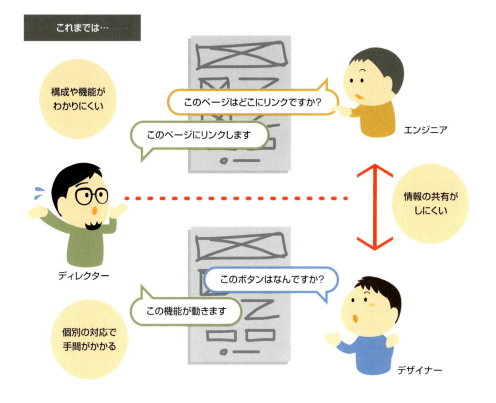

情報の共有をスムーズに

開発の現場では、いかにスムーズなコミュニケーションを取り、情報を個人ではなくチームで共有するかが大切です。一般的なWebサイトの仕様書や、ディレクターのプロジェクト設計図だけでは、これらの情報をすばやく、正確に把握することは難しく、個人の勘違いや再確認するための工数が発生しやすくなります。プロトタイプでは、これらの情報をわかりやすく再現し、デザインなどのビジュアル面だけでなく、全体の設計や機能、構造など開発の土台となる部分の情報を共有することができます。

大きな修正や変更を減らす

これまでの制作工程では、デザイナーはもちろん、ディレクターやエンジニアも縦に並べ、上流工程で決まったことを下流工程で作業していく「ウォーターフォール」と呼ばれる開発フローが多く見られました。この方法は実際にどのような機能かわかりづらかったり、必要な工数が判断できなかったりと、プロジェクトの途中で大きな修正が発生することもありました。

そこで、デザイナーやエンジニアを含めたプロジェクト全体でプロトタイピングに参加することで、ある程度のリアルな表現を共有し、機能に対して開発側の判断を早期に確認したり、必要なコンテンツを事前にチェックして、UI設計を行うデザイナーとのやり取りも減らたり、プロジェクト全体の手戻りを削減することができます。

013

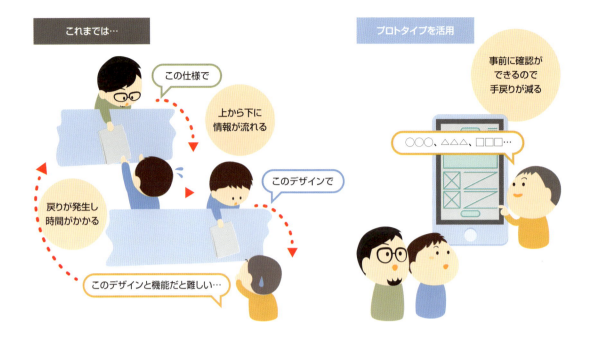

ユーザーやクライアントの目線で見られる

静的な画面や紙面で行われるプレゼンでは、その画面内のレイアウトやコンテンツは確認できますが、それ以上の情報が伝わりにくく、動作のイメージもつきにくいため、発注者であるクライアントや、実際にサービスやアプリを使用するユーザーの立場から見た意見を拾うことが困難です。プロトタイピングは、機能実装前の簡易版として早い段階で作成されるため、第三者の意見を取り入れやすく、想定外のニーズや機能を開発前に洗い出して、プロジェクトを円滑に進めることができます。

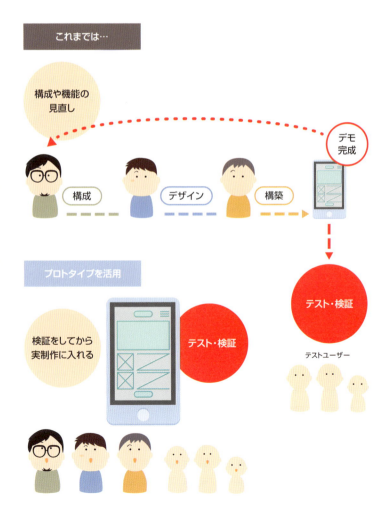

1-2 プロトタイピングの意味

プロトタイピングは簡単に確認ができる反面、目的をしっかり持っていないと必要のない修正や変更が発生しやすくなります。
まずはプロトタイピングで何をするのか、何ができるかを考えていきましょう。

Webサイトやアプリケーションのプロトタイピング

Webサイトやアプリケーションのプロトタイピングを行おうとした際に、陥りやすいミスとして「ビジュアルにこだわり過ぎてしまう」「機能をあと回しにしてしまう」「要所だけのプロトタイプで全体が見えない」ということがよくあります。せっかくプロトタイピングによって「共有」や「早期確認」などの課題を改善しようとしているのに、これでは意味がなくなってしまいます。

完成度の高いビジュアルデザインやスピーディなクライアントのチェックも大事ですが、プロトタイピングでは、まずプロトタイプによってプロジェクト全体が見えるかどうかに重点を置きましょう。ここで大事なのは、全体の構成と機能、そしてUIデザインになります。

プロトタイピングでできること

プロトタイピングすることで確認できることは、大きく分けて3つあります。
ひとつは、先ほど出た「全体の構成」を含めた「ストーリーの確認」、
もうひとつは、「UIデザイン」を含めた「デザインの確認」、そして「機能」を含めた「インタラクションの確認」です。

ストーリーの確認

ストーリーとは、ユーザーがどのようにそのページを訪れ、どのように眺め、どのように使い、最終的にはどのようにゴール（次のページなど）に到達し、そしてその一連の体験にどれだけ高い満足感を持ってもらえるかです。

これまで全体の流れは平面的なワイヤーフレームやサイトマップなどで確認していましたが、ページ構成やボタンの配置、機能などを踏まえてより実際に近いリアルな画面内でテストすることで、その精度を高められます。

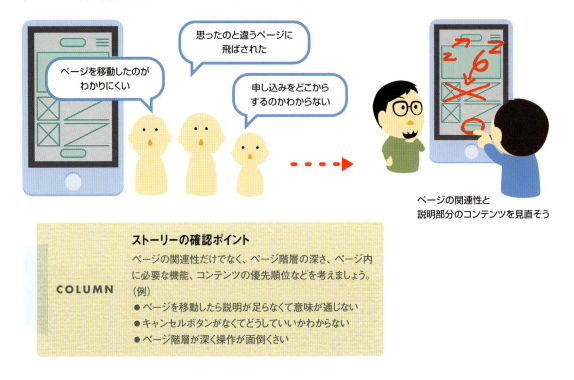

COLUMN　ストーリーの確認ポイント

ページの関連性だけでなく、ページ階層の深さ、ページ内に必要な機能、コンテンツの優先順位などを考えましょう。
（例）
- ページを移動したら説明が足らなくて意味が通じない
- キャンセルボタンがなくてどうしていいかわからない
- ページ階層が深く操作が面倒くさい

デザインの確認

実際のものに近いサイズの画面や出力したモックアップを用いて、レイアウトや色などのビジュアル的なデザインに加え、押しやすいボタンの配置や読みやすい文字サイズの確認、見やすいコンテンツの確認などを行います。「これまでの1枚絵のデザイン（モックアップ）と変わらないのでは？」と思うかもしれませんが、ここで重要なのはできるだけ実寸で確認し、できれば実際にタップして移動し、その操作性や見え方をリアルに体感することです。それにより、静的な画面だけでは見えてこないレイアウトや色使いの問題点などに気づくことができます。

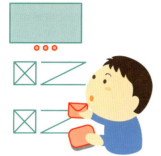

ボタンや強調の
デザインを修正して
説明にアイコンや
図を足してみよう

COLUMN

デザインの確認ポイント

見た目のデザインだけでなく、ユーザーが使いやすい色、サイズ、場所、そして見せ方をリアルに体験して問題点を探りましょう。
（例）
● 文字が多すぎて読むのが疲れる
● 次のリンクがどこかわからなくて迷う
● メニューボタンが小さすぎて押しにくい

インタラクションの確認

現在のWebサイトやアプリケーションをデザインする上で重要なのが、ボタンの動きやモーション、そのボタンを押したときの効果、見せ方などです。ユーザーが気持ちよいと感じる動きや、その動きが機能の意味を表現できているか、またページの遷移などが自然に理解できるようになっているかなどを確認し、静的なデザインでは見ることのできない見せ方と魅せ方を考えます。このとき重要なのは、「動きのかっこよさ」だけではなく、その動きが意味を伝えられているかどうかです。例えばボタンひとつとってみても「ボタンを押そうとマウスを重ねたらボタンが回転した」という動きをつけようと考えたとき、そのボタンの機能とマッチしているかどうかなどを検討します。

インタラクションの確認ポイント

動きの強弱のつけ方、向き、範囲など、どうすればユーザーの理解を助け、気持ちよく触れるか最適な手法を考えましょう。

COLUMN

（例）
● 動きが不自然で気持ち悪い
● 画面の中にアニメーションが多すぎる
● ボタンを押したけどどこが変わったのかわからない

自然に見える動きをいろいろな
パターンで試して探そう

Lesson 01 プロトタイピングとUIデザイン

1-3 UI/UXとプロトタイピング

プロトタイピングの目的は優れたUIデザインの実現です。
UIデザインは、ユーザーの満足度を高めるためのUXデザインの一部です。
UIとUXの基本と関連性を理解しておきましょう。

UI / UXとは

UI（ユーアイ）はユーザー・インターフェース（User Interface）の略で、情報を含む物や機械と、人との接点を意味しています。簡単にいってしまえば、機械を使う際に触るボタンや操作部のことです。Webデザインにおけるは「ボタン」や「見やすさ」など、操作に関係するものを表します。人が操るときの使い勝手を決める大事な部分です。ビジュアルやグラフィックでUIを補助するものをGUI（Graphical User Interface）と呼びますが、Webサイトなどでは GUI が当然なので、画像はもちろん動的な表現も含めて UI ということが一般的です。
一方、UX（ユーエックス）はユーザー・エクスペリエンス（User eXperience）の略で、UIを含めたユーザーの体験そのものを指します。「このサービスは使いやすいか」「このWebサイトはわかりやすいか」など、Webサイトやアプリケーションを使った人の総合的な満足度を指していると考えればわかりやすいでしょう。

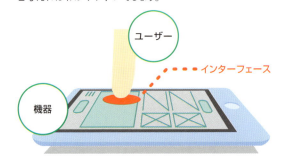

UI/UXとユーザビリティ

Webデザインでは、UI/UXデザインと総称されることが多いですが、ユーザビリティ（usability）という表現が使われることもあります。訳すと「使いやすさ」です。UI・UX・ユーザビリティは独立したものではなく、UIは直接操作に関するものを指し、ユーザビリティは操作（UI）を含めた使いやすさを、UXは使いやすさ（UIとユーザビリティ）を含めたサービスやサイト自体の満足度を表していて、お互いに関連、内包しつつ成り立つものなのです。

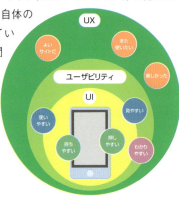

UIデザインを検証するプロトタイピング

ユーザーの体験を設計するUXデザインはプロトタイピングだけではつくり込むことができません。ユーザーが満足する要因は、UIやユーザビリティだけではないからです。例えば「Webサイトから質問したあとの返答が早く、適切で、とても安心できるサービスだ」とユーザーが感じるUXデザインは、コールセンターの体制まで含めたサービス全体をデザインしていく考え方が必要です。
プロトタイピングで再現できるのはUIによる設計の部分までです。例では「Webサイトから質問する」機能を見つけやすくして、質問フォームを迷わず簡単に使えるようにする、という部分です。UXの一部ではありますが重要な位置を占めるUIデザインは、プロトタイピングによって精度を高めることができます。

最低限押さえたいUIのポイント

UIは人の行動や状況を踏まえた設計です。人がどのようにデバイスを操作し、どう見ていくか、ユーザーの立場になって考えることが重要となります。例えば扉のノブや、車のハンドルなど、人が操作するであろうものをイメージするとわかりやすいでしょう。扉のノブが足元にあったら、車のハンドルが四角形だったら、操作はどうなるでしょうか？

デザインの5W1H

プロトタイピングによるUIの検証で、大事なデザインのキーワードが5W1Hです。いつ（When）、どこで（Where）、だれが（Who）、なにを（What）、なぜ（Why）、どのように（How）を常に考えます。それよってデザインの使い勝手や満足度は大きく変わってくるからです。人（ユーザー）を中心としたデザインでは、人の身体・感覚・認知・心理も考慮していくことが必要となります。

感覚的な構成を考える

レイアウトだけでなく、サイト全体で画面遷移やページの階層の深さなども考慮します。いまユーザーがどのページのどのコンテンツを見ているのか、このあとどのページに飛ぶのか、見たいコンテンツを説明できているかなど、ユーザーがいかにストレスを感じずにサイト内を閲覧できるかを考えてみましょう。

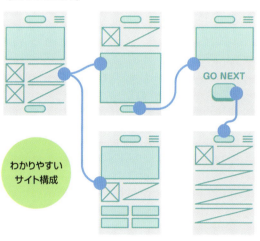

身体的な状況を考える

例えばスマートフォンでは指で操作するのが一般的です。指で操作をするということは、指のサイズよりも小さなボタンや、移動距離の小さなコントロールは非常に難易度が高くなります。

心理的な意味を考える

サイズやレイアウトだけでなく、デザインは人間の心理まで考慮することが必要です。基本である伝わる設計ができているか、自然な流れやレイアウトになっているかも大きなポイントになります。

Lesson 01　プロトタイピングとUIデザイン

1-4　Adobe XD CCについて

本書で取り上げるAdobe XD CC（以下XD）は、デザインツールの定番ともいえるIllustratorやPhotoshopを提供しているアドビシステムズ（以下Adobe）が2017年秋に新たにリリースしたUIデザインツールです。

XDとは

これまでのIllustratorやPhotoshopを利用したデザインカンプでのWebデザイン手法は、画面で1枚の絵としては見られるものの、ページのつながりや操作感といったUIについては確認することができませんでした。そこでデザインからプロトタイピング、さらに共有までを行うことができるアプリケーションとしてXDが開発され、現在Adobe製品で唯一デザインからプロトタイピングをひとつのアプリケーションで作成することができます。同じAdobe CCアプリであるIllustratorやPhotoshopとの連携も考えられており、いままでデザインカンプの制作にどちらかを使っていた人にとっても、XDを導入する障壁が低くなっています。高度な機能を要するパーツ作成や画像編集は従来どおりIllustratorやPhotoshopを使い、XDが得意とするUIデザインとプロトタイピングにおいてはこちらを利用するという使い分けも可能です。CCユーザーならアセットを共有できるライブラリ機能を使えばスムーズなデータ共有ができます。

Adobe XD 製品サイト
https://www.adobe.com/jp/products/xd.html

XDの用途

UI/UXデザインツールとして発表されたXDは、基本的にはデザイナーに向けた製品であるといえます。しかし、その操作のシンプルさや挙動の軽さからXDの活用できる範囲は広く、メモや仕様書、資料スライドなど、デザイン業務外での利用例も多く見られます。
本書ではデザインの基礎としてXDの操作方法と制作の過程を説明していますが、XDはデザイナー以外でも気軽に導入できるアプリケーションです。チーム全体で活用すれば、ディレクターやエンジニア、そしてデザイナーがひとつのアプリケーションでコミュニケーションを取ることができ、理想的なワークフローをサポートしてくれます。

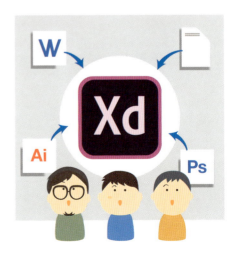

020

XDの開発速度

XDは2016年にプレビュー版「Adobe Experience Design CC」として登場して以来、頻繁なアップデートを重ねて、2017年ついにAdobe XD CCとして正式リリースされました。その開発速度は非常に速く、プレビュー版からベータ版、さらに正式版となった現在も、ほぼ毎月のペースでアップデートが繰り返され、2018年5月現在ですでにバージョンは8になっています。XDは「User Voice」(https://adobexd.uservoice.com/)という要望とバグ報告のフォーラムを通じて、Voteつまり投票制でユーザーの要望の声が多いものから優先的に開発に着手するという、ほかのアプリケーションとは違った開発手法がとられています。これにより、バグだけでなくユーザーが欲しい機能、利用方法などを即座に確認、反映し、常にユーザーの意見を取り入れた形での開発が可能となっています。報告や要望は日本語でも書き込むことができます。投票をするだけでも今後の開発に大きな影響を与えることができますので、ぜひUser Voiceを活用しましょう。

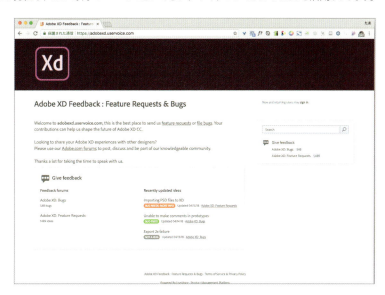

アップデートによる表記や機能の変更について

XDはその開発速度の速さによって、頻繁に表記や機能が変更されます。本書は2018年4月アップデートまでを取り入れ、最低限操作として問題がないことを確認して執筆していますが、すでに5月、6月、その先のアップデートも予定されています。そのため、読者が操作している時点のXDでは表示や機能にずれや違いがあるかもしれません。

本書の刊行後に追加された最新機能はアドビシステムズの公式サイトにある「Adobe XDの新機能」のページ (https://www.adobe.com/jp/products/xd/features.html) に掲載される情報で確認してください。アップデートにともなってメニューやコマンドの名称、画面構成が変更されることがあります。あらかじめその点はご了承ください。

Mac版とWindows版の機能・表示の違い

XDはMac版を先行して開発し、続いてWindows版に対応するという流れで開発されています。そのため、Mac版とWindows版には画面や機能に多少の違いが出ています。本書は先行しているMac版をベースに解説をしていきます。執筆時点の2018年5月現在、大きな違いは右記です。

- **デバイスプレビュー→Mac版のみ (9-2参照)**
- **プロトタイプでのプレビューを録画**
  →Mac版のみ (9-1参照)
- **メインメニューの位置と内容 (次ページ参照)**

Lesson 01　プロトタイピングとUIデザイン

COLUMN

Windows版のメニュー、ショートカットキーの利用

Windows版では、XDのウィンドウ上部にメニューバーはなく、ワークスペース左上に3本線メニューがあります。ここから表示されるコマンドは、Mac版の［ファイル］メニューに相当します。Mac版の［編集］［オブジェクト］［表示］などのメニューにあるコマンドは、多くは対象を右クリックして表示されるコンテキストメニューから選択できます（対象により表示内容は異なります）。ただし、Mac版のすべてのコマンドが網羅されているわけではなく、Windows版には見つからないコマンドもあります。本書を読み進める際はご注意ください。

Windows版のメニューにないコマンドも、ショートカットキーで利用できる場合があります（Ctrl）＋（A）キーで［すべてを選択］、（Ctrl）＋（D）キーで［複製］など）。Adobe XDの「ショートカットキー」（https://helpx.adobe.com/jp/xd/help/keyboard-shortcuts.html）を参照してください。

Macのメインメニュー

 XD　ファイル　編集　オブジェクト　表示　ウィンドウ　ヘルプ

Windowsのメニュー

Windowsのコンテキストメニュー（例）

右クリック

Macの［ファイル］メニュー

Macの［XD］メニュー

Macの［ウィンドウ］メニュー

Macの［編集］メニュー

Macの［オブジェクト］メニュー

Macの［表示］メニュー

022

XDの基本

An easy-to-understand guide to Adobe XD

Lesson 02

XDはとてもシンプルな操作パネルで構成されていて、IllustratorやPhotoshopに触れたことがある人はもちろん、Adobe製品が未経験であっても簡単に導入することができます。まずはXDの基本操作について学んでいきましょう。

Lesson 02　XDの基本

2-1 Adobe XDとは

XDはUIデザインからプロトタイピング、共有までを
1つのアプリケーションで行うことができます。XDを活用すれば、
デザインから確認、修正指示までの一連の流れをスムーズに進行し、
制作フローを円滑にすることができます。

XDを活用したワークフロー

XDはレイアウトを中心としたUIデザインツールとしては、ほかのデザイン・グラフィックスツールでは見られない動作の軽さ、速さが特長です。1つのファイルにアートボードを数十個、あるいは数百個配置したとしても、スムーズに利用することができます。ほかのプロトタイピングツールと違う大きな特長は、Adobeの提供するほかのツールと連携することができ、IllustratorやPhotoshopで作成したアイコンやグラフィックなどのアセット（素材）を読み込んだり、連携が可能なことです。もちろんXD自体で[ペン]ツールを利用してアイコンなどを作成することもできます。

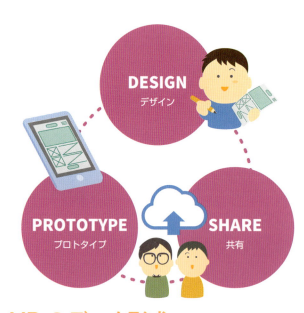

❶デザイン
これまでの一般的なWebデザインで活用されていた同じAdobe社製のIllustratorやPhotoshop、さらにSketchなどほかのベクターツールで作成したアイコンなどのオブジェクトをコピー＆ペーストすることでXDのデザイン内に配置することも可能です。

❷プロトタイピング
アートボードまたはオブジェクトを選択し、遷移先のアートボードと接続するだけで、インタラクティブプロトタイプ（画面またはワイヤフレーム間の移動の視覚化）が作成できます。また作成したプロトタイプは、動画に記録することも可能です。

❸共有
作成したプロトタイプをAdobeのサーバー上にアップロードし、そのURLを共有することでWebブラウザ上で確認することができます。またAdobeのアカウント（無料）さえあれば、共有プロトタイプにコメントを追加して制作者間でリアルタイムなやりとりが可能となります。

XDのデータ形式

ベクターデータなので拡大縮小してもスムーズ

XDで作成したデータは基本的にベクターデータという形式で保存されます。Illustratorでも用いられ、ドロー形式とも呼ばれます。イラストなどの図形を座標で記録し描画するもので、一度描画した図形に拡大、縮小、回転などの処理をしても劣化しない特長があります。
ベクターデータはその図形の形やサイズを座標の数値で管理しているため、計算ができる処理であれば理論上いくら変形をしても精度は変わりません。仮にサイズが1の図形を10倍にした場合、そのままの精度で10倍の図形になります。基本的に線や図形で表現できるものを得意としており、写真のような細かな表現は不得意です。

XDでのビットマップ画像の扱い

ベクターデータに対して、もうひとつの描画形式としてビットマップデータがあります。Photoshopなどで用いられ、ラスターデータとも呼ばれます。

ビットマップデータは、1ピクセルのドットひとつひとつに色のデータを持ち、その配置で絵を表現しています。写真などの細かい色と階調の表現を得意としますが、同一性を保った加工や変形は不得意です。もともとピクセル数の少ないデータは拡大するとピクセルが目立ってギザギザになります。拡大縮小に応じてピクセルの細かさを変えることもできますが、サイズを縮小する場合はともかく、拡大する際にソフトで補完してピクセルを細かくしても画質が上がることはありません。

● ベクターデータ

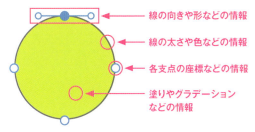

形を座標や方向などのベクトルの数値で持っています。

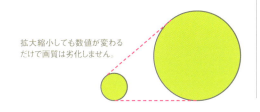

拡大縮小しても数値が変わるだけで画質は劣化しません。

● ビットマップデータ

細かなドットの集合で描画されています。

150%拡大

間の色を中間色で補うので画質がぼやけてしまいます。

XDはベクターで図形を描画するだけでなく、写真などのビットマップ形式の画像を外部から取り込んで表示することができます。この際、ビットマップ画像はあくまでビットマップ画像のまま読み込まれるので、XDに読み込んだからといってベクターに置き換えられることはありません。XDに読み込まれたビットマップなどの画像データは、XDファイル内にデータを保持します。IllutsratorやPhotoshopのように元ファイルをリンク状態で表示するものとは違い、元画像を編集してもXD上に読み込まれた画像には反映されないので注意しましょう。

CHECK!

ベクター画像とビットマップ画像の変換

写真などのビットマップ画像はその細かな描写ゆえ（シンプルな図形など以外は）ベクター化することはほとんど不可能に近く、あえてイラストレーションのような階調表現にしたいとき以外はやりません。逆にベクターデータはビットマップ画像に変換することができますが、いったんビットマップ化してしまうと、やはり変更や修正には弱く画質が劣化しやすくなります。

XDで使用する単位

XDで使用される単位はピクセル（pixel、px）です。

IllustratorやPhotoshopのように印刷物に使用することがないので、XDでは単位設定の変更などもできません（テキストではptの場合もあります）。回転角度やパーセント表示がある場合を除き、各入力項目にも単位は表示されていないので、数値入力する場合はピクセル単位での数値を入力しましょう。

COLUMN

ピクセルとは

ピクセルとは、Webサイトなどを表示するモニター上で表現できる最小サイズのドットを意味しています。モニターの解像度はこのピクセル数に影響され、数字が大きいほど画面上でのサイズも大きくなります。また解像度はこのピクセルの密度に応じて「ppi（ピクセルパーインチ）」すなわち「1インチの中に何個のピクセルが入るか」という単位で表記されることもあり、その数字が大きいほど細かい表現が可能であることを示しています。

Lesson 02　XDの基本

2-2　Adobe XD のワークスペース

XDの作業を始める前に、ワークスペースの基本を覚えておきましょう。
ここでは各ツールの呼び名や
基本的なドキュメントの作成方法までを学んでいきます。

スタート画面

XDを起動すると、直後にスタート画面が表示されます。スタート画面では、アートボードを選んで新規書類を作成あるいは既存のXD書類を開くほかに、UIキットと呼ばれるテンプレートの入手、チュートリアルによる基本操作の説明、サポートや最新情報にアクセスすることができます。

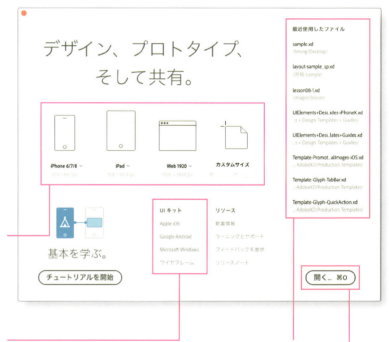

❶アートボード選択
XDには一般的なデバイス（機器）として、iPhoneやiPad、Web用の画面サイズがセットされています。カスタムサイズも指定できますが、特殊な例を除けば、あらかじめ用意されている画面サイズを利用するほうがよいでしょう。

❷UIキット
Apple iOSやGoogle Android、Microsoft Windowsなど、それぞれのOS固有のデザインに応じたUIキットをダウンロードすることができます。

❸最近使用したファイル
ファイルを開いた順に、過去のデータをワンクリックで開くことができます。

❹開く
パソコン内の既存データを指定して開くことができます。

新規書類の作成

スタート画面を閉じてしまった場合や、既存のファイルを開きつつ新しいファイルを作成したい場合は、上部の[ファイル]メニューから[新規]を選択すると、スタート画面が表示されます。

アートボードの設定

スタート画面で利用したい画面サイズをクリックします❶（ここではUIデザインの中心となることの多いiPhone 6/7/8をベースに説明していきます）。XDではこれだけで指定したサイズの新規書類を開くことができます。カスタムサイズで作成したい場合は、アートボード選択の右端にある「カスタムサイズ」に任意のサイズを入力し❷、アイコン部分をクリックすれば❸任意のサイズで作成できます。

[ファイル]メニューから開く CHECK!

スタート画面が表示されていない場合、最近使用したファイルやUIキットを取得は[ファイル]メニューから開くこともできます。

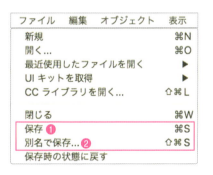

ファイルの保存

作成したファイルは保存しておきます。作成後にはじめて保存する場合、[ファイル]メニューから[保存]❶を選択すると、保存先とファイル名の指定を求められます。初期設定では「名称未設定」などになっているはずなので、管理のためにもわかりやすい場所とファイル名に変更しておきましょう。

別名で保存

現在開いているファイルを上書き保存せずに、新たなファイルとして保存したい場合は[別名で保存]❷を選択します。別名で保存したあとは、現在開いているファイルは別名保存した新しいファイルとなるので、改めてファイルを開き直さなくても継続して編集を行うことができます。

Lesson 02　XDの基本

ワークスペース

新規または既存の書類を開くと表示されるXDのワークスペースは次のような構成になっています。

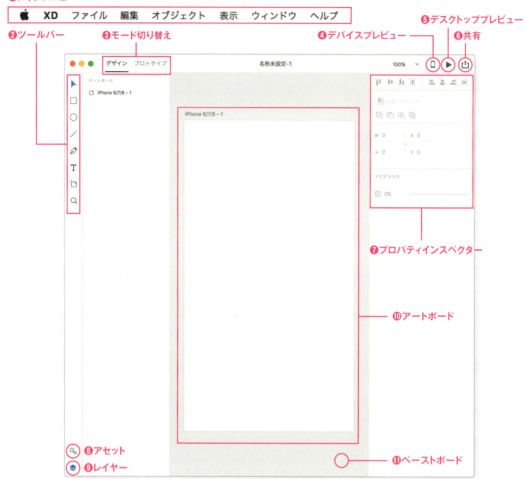

※Mac版の場合

❶メインメニュー
書き出しやヘルプなど、XDの基本プラスアルファの機能を使います。

❷ツールバー
オブジェクトの選択、長方形・楕円形などの描画、テキストの入力、アートボード作成などに利用するツールが収納されています。

❸モード切り替え
[デザイン]モードと[プロトタイプ]モードを切り替えることができます。

❹デバイスプレビュー
モバイル用XDをインストールしたスマートフォンなどでプレビューすることができます。

❺デスクトッププレビュー
作成中のプロトタイプを現在使用しているパソコン上で確認することができます。

❻共有
作成したプロトタイプのプレビューやデザインの指示書をクラウド上で共有し、動作確認やコメントをすることができます。

❼プロパティインスペクター
各オブジェクトやテキストなどの塗りや線、レイアウトなどの細かな設定を指定することができます。

❽アセット
オブジェクトやカラーなど、プロジェクト内のアセットを管理するパネルに切り替えます。

❾レイヤー
レイヤーやアートボードを管理するパネルに切り替えます。

❿アートボード
実際に使用、表示される範囲を表しています。

⓫ペーストボード
アートボードの配置や不要なオブジェクトを退避させておけるフリースペースです。

2-2 Adobe XDのワークスペース

ツールバー

XDの機能はほかのアプリケーションに比べてシンプルです。

選択範囲（Windowsでは選択）（ショートカット V ）
オブジェクトやグラフィック、アートボードなどの選択、
移動に使用します。

長方形（ショートカット R ）
長方形や正方形など、四角のオブジェクトを
描画するのに使用します。

楕円形（ショートカット E ）
楕円などの円のオブジェクトを描画するのに使用します。

線（ショートカット L ）
直線を描画するのに使用します。ただし、線は
一本線のみでコーナーや二重線などは描けません。

ペン（ショートカット P ）
直線や曲線などを自由に描くことができます。
アイコンやイラストなどを描く場合にも使用します。

テキスト（ショートカット T ）
テキストの入力や流し込み、編集ができます。

アートボード（ショートカット A ）
アートボードを増やしたり、編集することができます。

ズーム（ショートカット Z ）
ワークスペースでのプレビューを拡大、
縮小することができます。

CHECK! ショートカットとは

Macであれば ⌘（command）+ C でコピー、⌘+ V でペーストといったような、あらかじめ設定してある特定のキーを押すことでツールの選択をキーボードのみでおこなえます。ツールバーのショートカットは半角英数字入力状態で、ほかのものは押さずにそれぞれのキーを押すことで切り替えることが可能です。楕円（Ellipse）、長方形（Rectangle）など機能の英語名の頭文字が割り当てられていることが多いので、よく使うものはできるだけ覚えておくようにしましょう。

029

Lesson 02　XDの基本

2-3 アートボードの基本

XDで作業を行うために必要な
アートボードと呼ばれる機能について説明していきます。
アートボードは作業を進める上で大事な設定ですので、
しっかりと理解した上で設定しましょう。

アートボードとは

アートボードとは、機器（デバイス）に合わせた画面の大きさを示す土台のようなものです。アートボードに合わせて画像やボタンなど必要な要素を配置していきます。対応する機器を想定して複数のアートボードを配置して、並行してデザイン制作を進めることが一般的です。

アートボードの選択

目的のアートボードを選択するにはいくつか方法があります。アートボードのタイトルをクリック❶、アートボードでオブジェクトのない背景部分をクリック❷、[レイヤー] アイコンをクリックして [レイヤー] パネルを開きアートボード名をクリックする❸、のいずれかで選択できます。

アートボード名を変更する

アートボード名をダブルクリックすることで名前を編集できます。

アートボードの塗りを変更する

アートボードを選択した状態でプロパティインスペクターの塗りをクリックするとカラーピッカーが表示され、アートボード全体の色を指定することができます（カラーピッカーの使い方は3-2参照）。

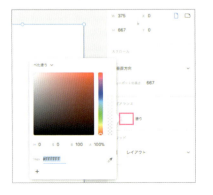

CHECK!
複製したアートボードの名前

アートボードを複製すると、「- 1,- 2」と元の名前に数値などがプラスされた名前が自動的につきます。必要に応じてわかりやすく名前を変更しておきましょう。

030

アートボードを増やす

アートボードを複製する

同じアートボードの別ページを制作するときは、既存のアートボードを複製すると簡単です。それにはアートボードを選択して Option （Alt）を押しながらドラッグします❶。またはショートカットの⌘（Ctrl）＋Dキー❷ですぐ隣に複製されます。また、[レイヤー] アイコンをクリックして[レイヤー] パネルを開き、複製したいアートボード名を右クリックし❸、コンテキストメニューから[複製]を選択でも可能です。

新規のアートボードを追加する

編集していない新規アートボードを追加したい場合は、ペーストボードの好きな場所をクリックすると現在のアートボードと同じサイズのアートボードが自動的にクリックした場所の近くに作成されます。異なるサイズのアートボードを増やすには、ツールバーの[アートボード]ツールを選択し❶、プロパティインスペクターのアートボードの種類をクリックします❷。

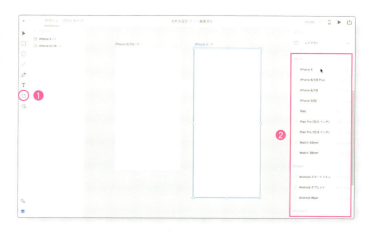

アートボードを使いやすく配置する

アートボードの移動

アートボード名をつかんでドラッグすると自由な位置に移動できます❶。また、プロパティインスペクターの [X] [Y] に数値を入力することで位置を指定できます❷。

複数のアートボードの選択

複数のアートボードを同時に選択したい場合はツールバーの [選択範囲] ツールを選択し、複数のアートボードを Shift キーを押しながらクリックします❶。またはドラッグして、複数のアートボードを範囲選択に含めます❷。

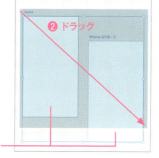

選択範囲 CHECK!

範囲選択とは、マウスの左ボタンを押したままカーソルを移動させ、指定したエリアを囲んだところでマウスの指を放す選択方法です。

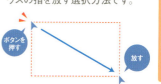

031

アートボードの整列

複数のアートボードを選択したのち、プロパティインスペクター上部の整列オプションで整列、分布を行うことができます。

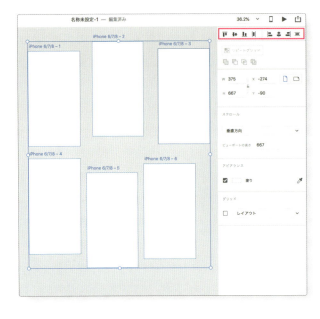

上揃え
選択中の一番上にあるアートボードに揃えます。

中央揃え（垂直方向）
選択中のアートボードの垂直方向の平均位置に揃えます。

下揃え
選択中の一番下にあるアートボードに揃えます。

水平方向に分布
選択中のアートボードが3つ以上の場合、水平方向に等間隔に配置されます。

左揃え
選択中の一番左にあるアートボードに揃えます。

中央揃え（水平方向）
選択中のアートボードの水平方向の平均位置に揃えます。

右揃え
選択中の一番右にあるアートボードに揃えます。

垂直方向に分布
選択中のアートボードが3つ以上の場合、垂直方向に等間隔に配置されます。

アートボードの
スクロールサイズを変更する

アートボードは基本的にスマートフォンなどで実際に表示されるビューポートのサイズで作成されます。しかし、実際のサイトはスクロールが必要になることが多く、1画面には入りきりません。そこで、ビューポートとは別に、スクロールサイズを指定して、ページ内全体のレイアウト領域を広げることができます。

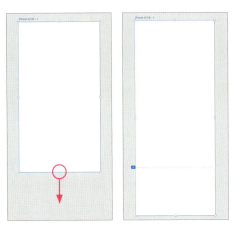

アートボードを選択し、下部に表示されるハンドル部分を下に引っ張れば自由に伸ばすことができます。

アートボード選択中に、プロパティインスペクター内の［W］（横幅）［H］（高さ）の数値を変更することでも伸ばすことができます❶。また［ビューポートの高さ］（Windowsは［表示領域の高さ］）自体を変更し、カスタマイズすることも可能です❷。

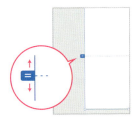

［ビューポートの高さ］はアートボードの左に表示されるハンドルを上下することで、感覚的に変更することもできます。

2-4 ワークスペース操作の基本

ツールやプロパティインスペクターでの操作だけでも
デザインは進めることができますが、その他の基本機能を活用して
もっとスムーズな制作ができるようにしましょう。

描画や配置以外の基本機能の使い方

XDのワークスペースでの基本的な操作の流れは、ツールバーで必要なツールを選択し❶→アートボード内に描画またはオブジェクトを選択する❷→プロパティインスペクターで塗りや境界線の調整やサイズや位置を指定する❸、という手順になります。これに加えてその他の基本機能やショートカットキーを活用するとさらに効率的に作業ができます。

❶ ツール選択　❷ 描画・選択　❸ 指定

操作の取り消し／やり直し

［編集］メニューから［○○の取り消し］（⌘＋Z）を選択すると直前の操作を取り消すことができます。繰り返し操作するとファイルを開いてからの作業工程を複数回戻ることができます。
［やり直し］（⌘＋Shift＋Z）は［取り消し］の取り消し、つまり取り消した操作を再度実行することができます。

編集	オブジェクト	表示
線を描画の取り消し		⌘Z
やり直し		⇧⌘Z

CHECK！
［○○の取り消し］
直前の操作が線の描画であれば［線の描画の取り消し］、長方形の描画であれば『長方形を描画の取り消し』のようにメニュー名が変化します。

コピー・ペーストの種類

XDのコピー・ペーストはいくつか種類があります。対象を選択して［編集］メニューから実行しますが、よく使うのでショートカットキーを覚えておきましょう。

カット（⌘＋X）
選択しているオブジェクトやビジュアルなどをコピーと同時にアートボードやペーストボード上から削除します。

コピー（⌘＋C）
選択しているオブジェクトやビジュアルなどをコピーします。

ペースト（⌘＋V）
コピーでクリップボード（パソコンのメモリ内）に記憶してあるオブジェクトなどを、選択したアートボード上に貼りつけます。

アピアランスをペースト
（⌘＋Option＋V）
オブジェクトやテキストなどの色やフォントなど外観情報のみを貼りつけます。

複製（⌘＋D）
選択しているオブジェクトなどを同じ位置にそのままコピー＆ペーストで複製します。アートボードの場合は右隣に複製します。

Lesson 02　XDの基本

削除と全体の選択

[編集]メニューから不要になったオブジェクトの削除、すべてのオブジェクトを選択または非選択にできます。

削除（Delete）

オブジェクトなどを選択して[編集]メニューの[削除]をクリックするか、Deleteキーを押せば削除ができます。

すべてを選択（⌘＋A）

すべてのアートボードを含む、ファイル上に配置されているすべてのオブジェクトを選択します。ただしロックされているオブジェクトに関しては選択されません。

すべてを選択解除（⌘＋Shift＋A）

現在選択中のオブジェクトなどの選択を解除します。

オブジェクトのグループ化とロック

グループ化とグループ化解除

複数のオブジェクトなどをまとめて移動・コピーや変形したい場合、[オブジェクト]メニューからグループ化しておくと便利です。

■と●2つのオブジェクトをグループ化。

■●のグループと★オブジェクトをさらにグループ化。

⌘＋Shift＋Gでグループ化解除

★はグループ解除されますが、最初の■●グループはそのままです。

グループ化（⌘＋G）

選択中の複数のオブジェクトなどをグループとして管理します。グループ化されたオブジェクトなどはワンクリックでまとめて移動、変形などができます。

グループ化解除（⌘＋Shift＋G）

選択中のグループを通常のオブジェクトなどに分解して戻します。ただし、すでにグループ化したものを含めてさらに複数段階にグループ化している場合、グループは一段階ずつ解除されます。

ロックとロック解除

操作しているときに余計なオブジェクトなどを触って変更しないように[オブジェクト]メニューからロックすることができます。

ロック（⌘＋L）

選択中のオブジェクトなどをロックします。ロックされたオブジェクトなどは移動、変形などの編集ができなくなります。選択だけはできます。

ロック解除（⌘＋L）

ロック中のオブジェクトなどを選択して[オブジェクト]メニューを開くと、[ロック]メニューが[ロック解除]に切り替わっています。これを選択するとロック状態を解除できます。

CHECK! ロック状態を確認する

ロックの状態確認はレイヤーパネルの中の各要素の横に表示される鍵のアイコンで確認することができます。またこのアイコンをクリックすることでも、ロックとロック解除の操作ができます。

COLUMN

グループ化のオブジェクトの選択について

グループ化のオブジェクトは基本的に1つの塊として扱われます。クリックするとグループ全体が選択され、移動、変形など一括で行うことができます。グループ内の個別のオブジェクトを選択したい場合は、グループをダブルクリックすると中に入った状態で選択が可能です。グループ化を重ねている場合は、さらにダブルクリックして下の階層に進んで個別のオブジェクトを選択します。

表示を変更する

オブジェクトなどの非表示／表示

編集中に見えないほうが作業しやすいオブジェクトなどは[オブジェクト]メニューから非表示にすることができます。作業が終わったら再び表示させることができます。

非表示（⌘＋;）
選択中のオブジェクトなどを非表示にします。非表示にしたあと選択を解除すると[選択範囲]ツールでは選択できなくなります。選択するには[レイヤー]パネルでオブジェクト名をクリックします。

表示（⌘＋;）
[レイヤー]パネルを開いて表示したいオブジェクトを含むアートボードを選択すると、非表示マークが確認できます。この非表示マークをクリックするか、非表示のオブジェクトを選択して⌘＋;キーで表示させることができます。

> **CHECK!**
> **非表示でも操作される場合**
> 非表示のオブジェクトは選択、変形などが基本的にはできなくなりますが、グループ内の一部であったり、ほかのオブジェクトと複数選択した状態では一緒に移動、変形されるので注意が必要です。

画面の表示倍率の変更

[表示]メニューから画面の表示倍率を変更できます。ショートカットを覚えておくと、操作している対象に合わせてすばやく拡大縮小表示できてスムーズに作業できます。

ズームイン（⌘＋＋）、ズームアウト（⌘＋−）
表示中の画面を拡大縮小する方法としては、メインメニューのズームイン、ズームアウトをクリックまたはショートカットで行うか、Macのトラックパッドやタッチパッドによるピンチアウト、ピンチインなどでも操作ができます。

100%（⌘＋1）、200%表示（⌘＋2）
開いている画面の中心部分に合わせて、画面解像度の100%、200%まで一気に変更したい場合に使用します。

選択範囲に合わせてズーム（⌘＋3）
サイズを合わせたいアートボードやオブジェクトを選択したままこのメニューをクリックすると、そのアートボードやオブジェクトを画面いっぱいに自動的に表示してくれます。

画面に合わせてすべてをズーム（⌘＋0）
すべてのアートボードを画面いっぱいに表示することができます。

Lesson 02 XDの基本

lesson02—練習問題

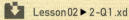Lesson 02 ▶ 2-Q1.xd

12個の[iPhone 6/7/8]サイズのアートボードを作成し、アートボード名を「1」〜「12」の数字に変更して時計の文字盤の配列と同じ位置に並べてみてください。

Before

After

❶ツールバーから[アートボード]ツールを選択し、プリセット一覧から一度[iPhone 6/7/8]を選び、あとはペーストボード上を繰り返しクリックして12個のアートボードを作成します。または、最初のアートボードを選択して⌘+Dキーを11回押して複製します。
❷各アートボード名をダブルクリックして「1」〜「12」に変更します。
❸[選択範囲]ツールで各アートボード名をつかんでドラッグし、時計の数字配列と同じイメージで、大まかにレイアウトをします。

❹[選択範囲]ツールで複数のアートボードを選択して、プロパティインスペクターの上部にある[整列]オプションを使って整列させます。[水辺方向に分布][垂直方向に分布]で等間隔に配置したり、[中央揃え](水平方向、垂直方向)を使い、全体が綺麗に並ぶように整えます。
❺一例として、上半分(9〜3)を選択して[水辺方向に分布]、続いて下半分(3〜9)を選択して[水辺方向に分布]で水平方向の分布が揃います。
❻右半分(12〜6)を選択して[垂直方向に分布]、左半分(6〜12)を選択して[垂直方向に分布]で垂直方向の分布が揃います。

XDで
オブジェクトをつくる

An easy-to-understand guide to Adobe XD

Lesson 03

図形を描く操作はXDを扱う上でとても頻度が高くなります。アイコンやイラストだけでなく、テキストやレイアウトもこの図形を使ってつくっていくことになるので、基礎知識としてしっかり学んでいきましょう。

Lesson 03　XDでオブジェクトをつくる

3-1 図形を描く

**四角や丸を描くだけでもさまざまな設定があります。
思った場所に思った形で描画できるようになるには練習が必要ですので、
ひとつずつ使い方を見ていきましょう。**

丸や四角を描いてみる

四角を描くには、長方形ツール、または楕円形ツールを使います。長方形も楕円形も基本的な操作方法は同じです。

1 ツールバーから［長方形］または［楕円形］ツールを選択しクリックします。

2 そのままアートボードの上でドラッグすると、ドラッグの距離に応じた長方形（楕円形）が作成されます。

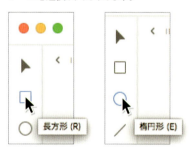
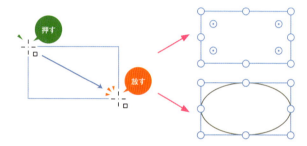

3 ドラッグの方向は上下左右、どこに向かってドラッグしても長方形（楕円形）を描くことができます。

4 ドラッグの際にShiftキーを押しながらドラッグすると、正方形（正円）を描くことができます。

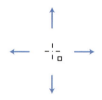

5 optionキーを押しながらドラッグすると、ドラッグを始めた場所を中心として長方形（楕円形）を描くことができます。

6 さらに縦横比を揃えるShiftキーも加え、option＋Shiftを押しながらドラッグすると、中心から正方形（正円）を描くことができます。

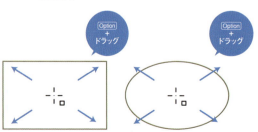
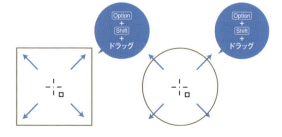

線を描く

長方形などの図形以外にも、直線を引くための[線]ツールもあります。線ツールは1本の直線を引くだけのツールですが、Webデザインにおいてはこのような線を活用する機会も多いので、使い方は理解しておきましょう。

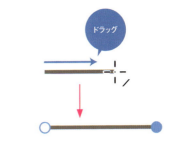

長方形や楕円形を描画するときと同じく、線ツールを選択しアートボード上でドラッグすることで、まっすぐな線を引くことができます。

画面表示の拡大縮小の操作

作業を進める中で、画面が小さくて見えにくいということもあります。その時にはズームツールを使いましょう。

画面の拡大

[ズーム]ツールを選択してアートボード上にポインターを移動すると、虫眼鏡に＋（プラス）がついたマークが表示されます。そのまま拡大したい場所をクリックすると、100%単位で拡大されていきます。現在の拡大率はワークスペースの右上の数値で確認することができます。

画面の縮小

[ズーム]ツールを選択したままoptionキーを押すと、虫眼鏡のマークの中が＋から－（マイナス）に変わります。この状態でクリックをすると、逆に倍率が縮小され画面はズームアウトされていきます。

ドラッグでの拡大縮小

拡大縮小はドラッグでも操作できます。[ズーム]ツールを選択した状態でアートボードの任意の場所をドラッグしてみましょう。青い破線が表示され、拡大する範囲の基準が選択できます。マウスボタンを離すと、この破線を中心にして画面が拡大されます。縮小したい場合はoptionキーを押して虫眼鏡がマイナスの状態でドラッグします。100%単位で縮小されていきます。

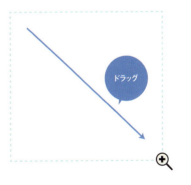

ピンチ操作での拡大縮小

トラックパッドと呼ばれる長方形のパッドで操作する場合、2本の指をパッド上でつまむように近付けるピンチイン（縮小）、2本指を遠ざけるように開くピンチアウト（拡大）で操作することでもできます。

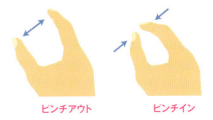

039

Lesson 03　XDでオブジェクトをつくる

オブジェクト（図形）の情報

オブジェクト（図形）を描画した直後は、そのオブジェクトを選択した状態になっています。選択された状態の場合は、画面上で見たときにオブジェクトを囲むように青い罫線と、四隅に丸が表示されています❶。または［レイヤー］アイコンをクリックして［レイヤー］パネルを表示すると、レイヤーの中のオブジェクトが選択されているかどうかで確認ができます❷。この状態で画面右のプロパティインスペクターを見ると、［アピアランス］の中にそのオブジェクトのさまざまな情報が表示されています。

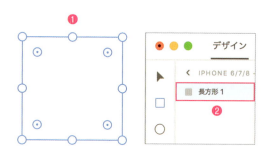

オブジェクト（図形）を整える

オブジェクトの調整

オブジェクト（図形）を描画した際、フリーハンドでは希望通りのサイズにうまく描画できないことがあります。そこで、プロパティインスペクターの中にあるサイズの数値を直接編集し、好みのサイズや位置に移動することができます。
［W］（幅）と［H］（高さ）でオブジェクト全体のサイズ指定、［X］（横位置）と［Y］（縦位置）で場所の指定が可能です。サイズを指定する際、縦横比を固定したい場合は［W］や［H］の横にあるロックマークをクリックすると、比率を崩さずにリサイズすることができます。
ここではわかりやすく［W］［H］ともに「100（px）」に指定してみましょう。場所はどこでもかまいません。

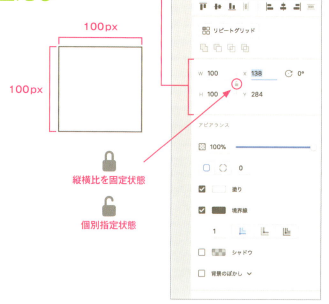

オブジェクトの回転

オブジェクトは拡大縮小などのサイズ指定以外にも、回転をかけることができます。回転は［W］［H］の指定と同様に、プロパティインスペクターの［回転］の項目から数値を編集することで角度を指定できます。また［選択範囲］ツールで四隅とその間にある青い丸の変形ポイント付近にポインターを持っていくと、図のようなカーソルになるので、そのままドラッグをしても回転が可能です。

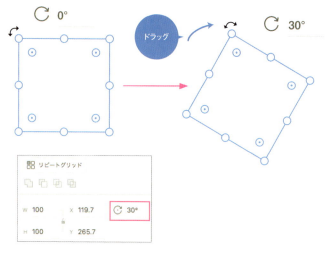

040

オブジェクトの選択

オブジェクトはツールバーの［選択範囲］ツールで選択することができます。
複数のオブジェクトを扱う場合は必ず使うので、選択方法は覚えておきましょう。

単体のオブジェクトやテキストを選択する

ツールバーの［選択範囲］ツールをクリックし、カーソルを矢印状のものに切り替えます。
そのままアートボード上のオブジェクトをクリックするか❶、またはドラッグして選択範囲をつくり、その中に任意のオブジェクトの一部がかかるように範囲指定します❷。
選択状態になったオブジェクトは、描画直後と同様に青い線とハンドルが表示され、プロパティインスペクターにもオブジェクトのサイズや塗りなどの情報が表示されます。

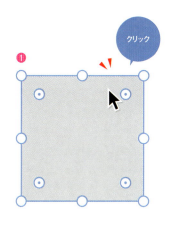
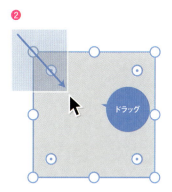

複数のオブジェクトを選択する

単体のオブジェクトを選択する場合と同じく、［選択範囲］ツールで1つ目のオブジェクトをクリックまたはドラッグで選択します❶。その状態のままShiftキーを押し、2つ目のオブジェクトをクリックまたはドラッグで選択します❷。すると、2つのオブジェクトを囲む形で青い線とハンドルが表示されます。同じ手順で3つ目、4つ目など複数のオブジェクトを選択していくことができます。

もう1つ、［選択範囲］ツールで選択したいオブジェクトすべての一部分が選択範囲にかかるようにドラッグすることで、一度にまとめて選択することが可能です❸。この場合、選択範囲に入ったオブジェクトはすべて自動で選択されてしまうので、不要なオブジェクトを選択しないように注意しましょう。

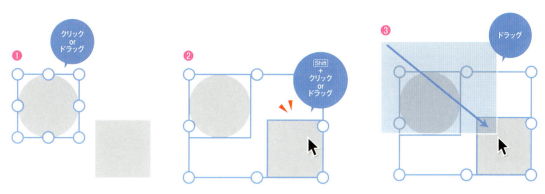

オブジェクトの選択の解除

選択中のオブジェクトは[Shift]キーを押しながら再びクリックまたはドラッグすることで選択状態を解除することができます。複数の選択をしている状態で一部のオブジェクトが不要な場合なども、この方法で選択項目から外すことができます。

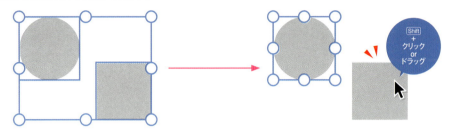

オブジェクトを整列させる

アートボードの項でも出てきた［整列］のパネルは、オブジェクトやテキストなどでも有効です。
さらにアートボードとは違い、1つのオブジェクト、または1つのグループを選択するとアートボードに対して整列させることができます。オブジェクトをアートボードの上下中央に簡単に配置できます。

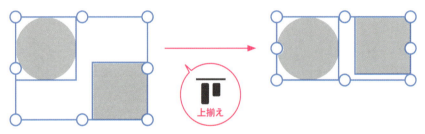

複数のオブジェクトやテキストに整列（上揃え）を適用すると最上部のオブジェクトに揃います。

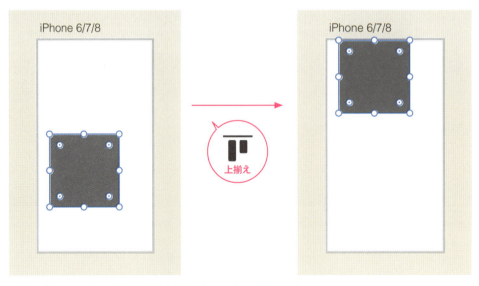

単体のオブジェクトやテキストに整列（上揃え）を適用するとアートボードの最上部に揃います。

3-2 オブジェクトの設定

描画したオブジェクトには色や透明度などさまざまな設定ができます。
カラーピッカーの使い方と合わせて学んでいきましょう。

塗りと線の色設定を確認する

Lesson 03 ▶ 3-2.xd

カラーピッカーでの色の指定

選択中のオブジェクトの塗りや線は、プロパティインスペクターの［アピアランス］にある［塗り］や［境界線］で設定されています。［塗り］部分の左側にあるボタン（初期設定では白）をクリックすると、カラーピッカーが表示されます。カラーピッカーはポインターをマウスで移動することができます。
正方形の横方向は「彩度（S）」❶、縦方向は「明度（B）-明るさ」❷、その右横のカラフルなバーが「色相（H）」❸、さらに右隣の徐々に色の薄くなるバーが「アルファ（A）-透過度」❹です。アルファはアルファバーの左下に％で表示されるテキスト部分に直接数値入力しても変更ができます。

❶ 彩度（S）
❷ 明度（B）
❸ 色相（H）
❺ カラーコード（Hex）
❹ アルファ（A）

数値で指定する

カラーピッカーの下にある数値入力で色を指定することもできます❺。初期設定は［Hex］となっており、16進数6桁のカラーコードを入力します。［Hex］の右横にある∨マークをクリックするとカラーコードの種類を選択できますので、［RGB］（R＝レッド、G＝グリーン、B＝ブルー）、［HSB］（H＝色相、S＝彩度、B＝明度）での数値入力も可能です。

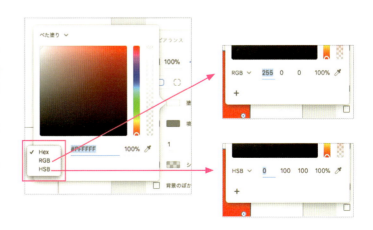

043

Lesson 03　XDでオブジェクトをつくる

塗りと線の色設定を変更する

1 塗りを変更してみましょう。先ほどの［長方形］ツールで長方形を描画し、オブジェクトを選択して❶、［アピアランス］の［塗り］❷をクリックしカラーピッカーを表示します。［塗り］は初期設定である白（#FFFFFF）になっています❸。

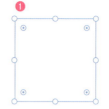
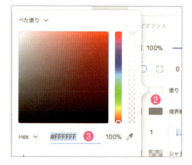

2 カラーピッカーの中で彩度（S）が最大、明度（B）も最大となる、一番右上にポインターをドラッグします❶。すると［Hex］は「#FF0000」と赤を示す数値に変わります❷。

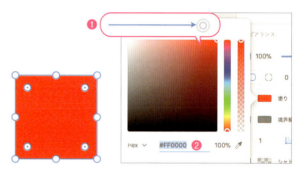

3 色味を変えたい場合は、色相のバーを変更します。試しに青付近までドラッグします❶。またアルファ（A）のバーを下げると❷透明になり、背後にオブジェクトがある場合は透けて見えるようになります。

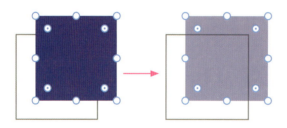
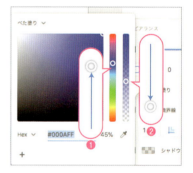

オブジェクト全体の不透明度

塗りや線とは別に、選択しているオブジェクト全体のアルファ値をまとめて指定することもできます。［アピアランス］にある［不透明度］のレベルバーをドラッグすることで、好みの不透明度を設定が可能です。％で表示されている数値部分を直接編集することもできます。

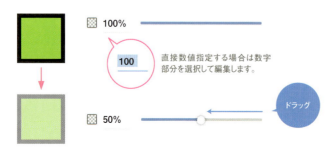

3-2　オブジェクトの設定

グラデーション

塗りに対してグラデーションを適用できます。グラデーションには[線形グラデーション]と[円形グラデーション]があり、それぞれ任意の色や角度などの設定が可能です。

> **CHECK!**
> **よく使うカラーを登録する**
> よく使用するカラーはカラーピッカーの左下にある[+]ボタンで登録しておくことができます。不要になったカラーは、パネルの外にドラッグすると削除できるので活用しましょう。
>
>

グラデーションを適用する

[塗り]のカラーピッカーを開くと上部に[ベタ塗り]の項目があり、このポップアップメニューをクリックするとグラデーションを選択できます。まず[線形グラデーション]を選択してみましょう。

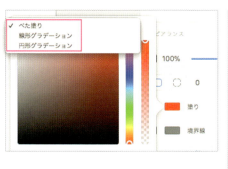

グラデーションの色変更

グラデーションには最低2つの色指定が必要です。初期設定ではもともとの塗りの色と、その色の明度を半分に落としたものが自動的に適用されます。上部の左右に伸びるグラデーションバーから、カラーの場所を示す丸いポインターをクリックして色を1つずつ編集することができます。

1 右端のカラーを選択し❶、色相のポインターをドラッグして色を「#000580」の青に変更してみましょう❷。赤から青へのグラデーションに変わります。

2 グラデーションは3色以上の色を指定できます。カラーの場所を示すポインターのない中間を自由にクリックします❶。すると新しい色が登録できるので、任意の色を指定してみましょう❷。ここでは白（#FFFFFF）に変更しました。

グラデーションの位置と向きの調整

グラデーションでの色の追加や位置調整は、上部のカラーバーとオブジェクト上のどちらでも編集できます。

1. オブジェクト上に表示されるグラデーション管理用のバーの上をクリックしたり、上下にある丸いポインターをドラッグして場所を動かしてみましょう。ポインターの位置と連動してグラデーションの位置も編集されます。

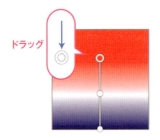

2. オブジェクト上からグラデーションの端のどちらかのポインターをドラッグすると、グラデーションの角度（向き）が変更できます。

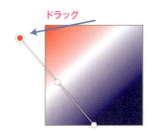

円形グラデーション

次にポップアップメニューから［円形グラデーション］を選択してみましょう。

1. グラデーションバーの左側が中心の色❶、右側が外側の色❷として、内から外に広がる形でグラデーションがかかります。

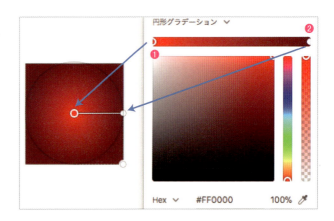

2. 円形グラデーションにはオブジェクト上で楕円を変形させるハンドルがあり、ドラッグすることで円を細長くしたり、潰したりできます。

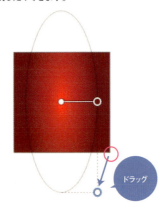

3. ハンドルの外側をドラッグして、回転させることもできます。変形と組み合わせてより複雑な設定が可能です。

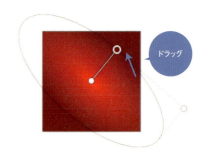

色の抽出

色の指定はカラーピッカー、数値以外にも[画面からカラーを選択]で選択することも可能です。
これは画面内で指定した場所の色を抽出し、選択中のオブジェクトに反映させます。

1. スポイトは[塗り]や[境界線]の横にあるスポイトアイコンか、カラーピッカーを開くと[Hex]の右側にあるスポイトアイコン[画面からカラーを選択]をクリックしましょう。するとカーソルが円形の拡大表示に変わるので、色を抽出したい場所に中央の□を合わせてクリックします。

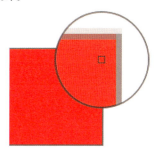
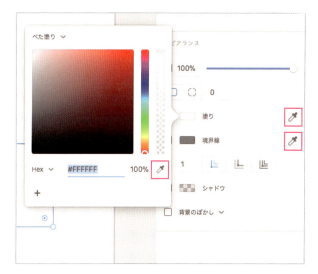

2. 抽出できる対象は画面内であればどこでも可能です。オブジェクトはもちろん、XD以外のアプリケーションを開いている場合でも抽出できます（Mac版のみ）。もしもWebサイトを開いていてその中のカラーの一部を選べば、その色を選択中のオブジェクトに反映させることができます。ここではブラウザに表示したページからロゴマークの色を抽出しています。

画面上の画面上のどこからでも画面上のどこからでも色が抽出できます。

線の設定

塗りと同じく線も自由に色を設定できます。また線の場合のみ、太さと線の描画位置を指定して変更することが可能です。

線の太さの設定

線の太さは［境界線］にある［境界線の幅］の数値で指定します。数値部分をクリックし、任意の数値に書き換えることで線の太さを変更することができます。

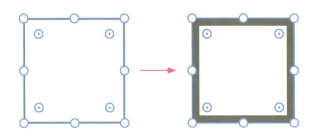

線の位置の設定

境界線は内側、外側、中央という3つの位置が指定できます。それぞれはオブジェクトを描画しているセグメント（線）を基準に変更されます。描画した長方形や楕円形のオブジェクトは初期値では内側に設定されています。

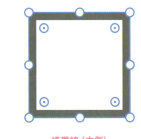 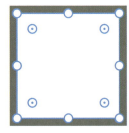 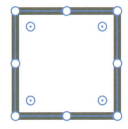

境界線（内側）　　　境界線（外側）　　　境界線（中央）

> **CHECK!**
>
> **セグメントとは**
>
> セグメントとは、オブジェクトを形作る線のことです。またセグメントやアンカーポイントを含めた1本の線をパスと呼びます。XDではこのパスを使って図形を描画します。

3-3 丸や四角の編集

一度描いた図形をあとから編集することができます。
編集方法やXDの変形の癖を覚えておくと、
この後の別ツールでのデザイン作業も格段に楽になります。

長方形や楕円形を編集する

長方形や楕円形は描いた状態から編集し、変形することができます。ここでは円（楕円形）を例に説明していきます。［選択範囲］ツールを選び、描画した円を選択します❶。次に選択した円をダブルクリックします。すると編集モードに切り替わります❷。編集モードに入ると、その時点で1つのアンカーポイントが選択された状態になっています。このアンカーポイントはこのオブジェクトを描き始めた最初の点を表しています。

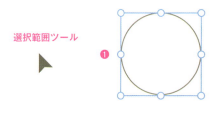
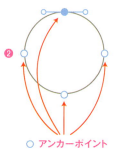

CHECK！
アンカーポイントとは
オブジェクトつまり図形を描く際に基準や支点となる部分のことをアンカーポイントと呼びます。

アンカーポイントの選択

4つのアンカーポイントのうち、一番下にあるアンカーポイントを選んでみましょう。白丸のアンカーポイントの上にポインターを合わせると色が青く変わります。そのままクリックすれば選択したことになり、選択が上のアンカーポイントから下のアンカーポイントに切り替わります。

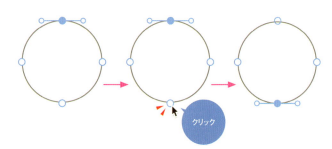

アンカーポイントを移動する

アンカーポイントは自由に移動させることができます。移動はアンカーポイントをドラッグするだけでOKです。この際、水色の線が表示されることがあります。真下や真横にほかのアンカーポイントがある場合に変形や移動の補助として表示されるガイドです。このガイドに沿って移動、変形をすれば、数値を手入力しなくても位置を揃えて描画することができます。

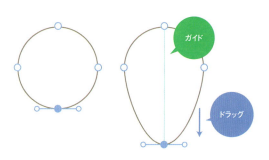

複数のアンカーポイントの選択

アンカーポイントは複数で選択することもできます。Shiftキーを押しながらアンカーポイントをクリックしてみましょう。青い選択状態のアンカーポイントを増やすことができます。その状態でアンカーポイントをドラッグすれば、複数のポイントを同時に移動することが可能です。

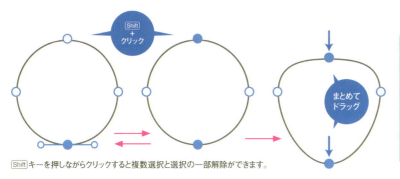

Shiftキーを押しながらクリックすると複数選択と選択の一部解除ができます。

> **CHECK!**
> **アンカーポイントの選択を一部解除する**
> 複数を選んだ状態ですでに選択されているアンカーポイントをShiftキーを押しながらクリックすると、そこだけ選択を解除することもできます。

アンカーポイントとハンドル

アンカーポイントの横には左右に伸びるハンドルと呼ばれるものが伸びています。ハンドルはどのくらいセグメント（線）を引っ張るか、そのカーブの大きさ、強さを表現しています（ハンドルについては4-1も参照）。ハンドルはドラッグすることで移動、変形できるので、アンカーポイントの移動と同様に少しドラッグして横に伸ばしてみましょう。基本的には左右が同じ形で伸びていきます。

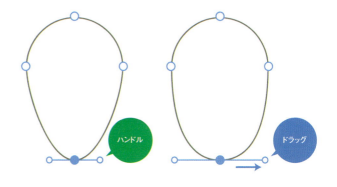

ハンドルの削除・追加

ハンドルを削除してみましょう。削除はアンカーポイントをダブルクリックするだけです。また反対にハンドルのないアンカーポイントをダブルクリックすると、ハンドルを作成することが可能です。ハンドルの出ている曲線の状態のコーナーを「スムーズポイント」、ハンドルの出ていない角状態のコーナーを「コーナーポイント」と呼びます。

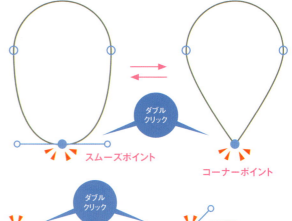

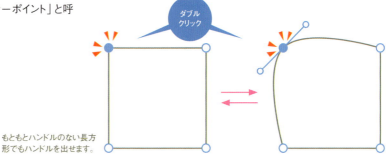

もともとハンドルのない長方形でもハンドルを出せます。

アンカーポイントの削除・追加

アンカーポイントは追加、削除ができます。
長方形を描いてダブルクリックして編集モードに入ってみましょう。

1. **編集モードで青く選択されているアンカーポイントは、**Delete**キーを押すか❶、右クリックでコンテキストメニューから[削除]を選択することで削除することができます。複数のアンカーポイントを削除する場合は、そのまま次のアンカーポイントを選択状態にして再び**Delete**キーを押せば消すことができます❷。**

2. **アンカーポイントを追加するには、セグメント上つまり線の上にポインターを重ねると、ツールバーの[ペン]ツールと同じようなアイコンに変化します。その状態でクリックをすると、アンカーポイントが追加されます。追加したポイントもドラッグで変形できます。**

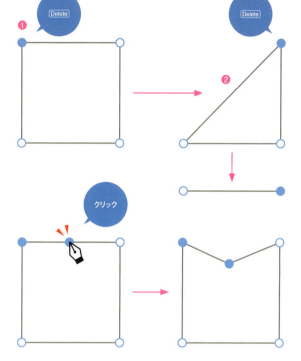

クローズパスとオープンパス

XDの長方形や楕円形は、アンカーポイントを削除しても必ずクローズパスになっています。クローズパスとは、すべてのアンカーポイントが必ず２本のセグメント（線）とつながっており輪になっているパスです。輪が閉じていないパスをオープンパスと呼びます。オープンパスの両端のアンカーポイントは1本のセグメントにしかつながっていません。

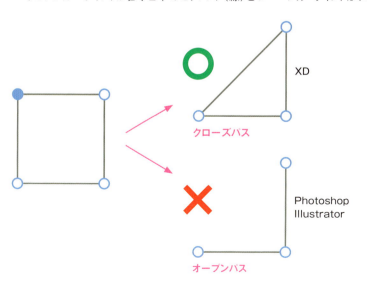

> **CHECK!**
>
> **Illustratorや Photoshopとは異なる**
>
> IllustratorやPhotoshopを使ったことがある人は、コーナーをDeleteキーで削除するとセグメントも消えると考える人が多いと思いますが、XDではセグメントは削除されません。

051

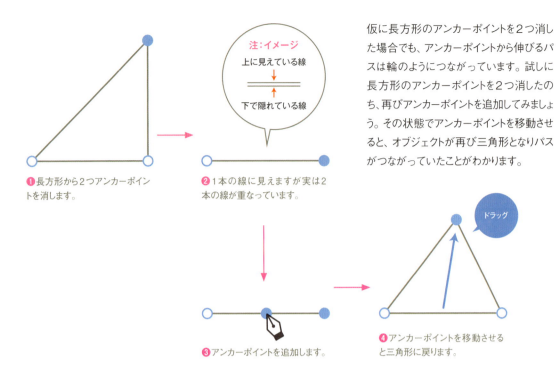

仮に長方形のアンカーポイントを2つ消した場合でも、アンカーポイントから伸びるパスは輪のようにつながっています。試しに長方形のアンカーポイントを2つ消したのち、再びアンカーポイントを追加してみましょう。その状態でアンカーポイントを移動させると、オブジェクトが再び三角形となりパスがつながっていたことがわかります。

長方形や楕円形を編集するとパスになる

長方形や楕円形は、編集すると名前が変わります。名前は［レイヤー］アイコンをクリックして開いた［レイヤー］パネルで確認できます。
作成時は「長方形1」や「楕円形1」といった名前になっていますが、ダブルクリックで編集中は名前が「パス1」などに置き替わります。編集をせずに選択解除すると「長方形1」などに戻りますが、一度編集をしてしまうと「パス1」のままとなります。
見た目は同じですが、長方形や楕円形としてのオブジェクトデータが失われます。長方形の場合は角丸機能（54ページ参照）が使えなくなります。元に戻すには［編集］メニューの［取り消し］か、あらためて描き直すしかないので注意しましょう。

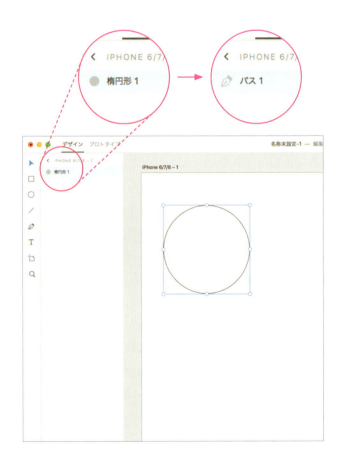

3-4 オブジェクトの効果

オブジェクトには「シャドウ（影）」や「ぼかし」など、
いくつかの効果をかけることができます。
効果は指定されたオブジェクトに対して計算で付加するので、
別に画像を描くよりも自由度が高く便利です。

影をつける

Lesson 03 ▶ 3-4.xd

オブジェクトにはボタン1つでシャドウ（影）をつけることができます。オブジェクトを選択後、プロパティインスペクターの [シャドウ] にチェックを入れます。すると初期設定で [X＝0] [Y＝3] [B＝6] という数値が表示されます。[X] は横軸、[Y] は縦軸の位置、そして [B] はぼかし（Blur）を数値として計算しています。
試しに [X＝10] [Y＝－10] [B＝0] としてみましょう。右に10px、上（マイナス）に10px、ぼかしは0となるので、右上に灰色のぼかしのない長方形ができているはずです。基本的にシャドウは奥行きや質感を出す目的で使用されますが、このようにマイナス方向やぼかしの強弱でのアレンジが可能です。

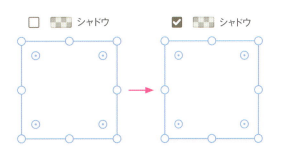
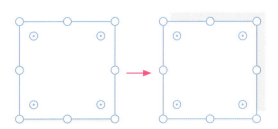

影の色を指定する

シャドウは初期設定では灰色になっていますが、これも設定を変更できます。色の設定方法はほかの塗りや境界線と同様で、[シャドウ] の横にあるボタンをクリックしてカラーピッカーを開き、彩度、明るさ、色相などを調整します。シャドウは背景にオブジェクトや画像が来ることも考慮し、基本的には半透明で使用したほうがよいでしょう。

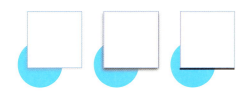

053

Lesson 03 XDでオブジェクトをつくる

長方形の角丸

長方形のオブジェクトに限り、角丸(かどまる)という角を丸くする効果が使えます。長方形を描画したあとで、四隅にある二重丸部分にポインタを重ねてみましょう。二重丸の色が反転します。その状態から二重丸を長方形の内側にドラッグすると、角丸をつくることができます。

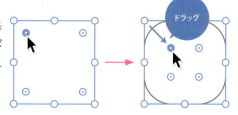

角丸をコーナーごとに指定する

初期設定では角丸は四隅が同一の変化をしますが、4つの角を個別に変形させたり、数値で指定することもできます。長方形を選択している状態でプロパティインスペクターを確認すると、左に実線の角丸長方形❶、右に破線のように切れた角丸長方形❷のアイコンがあります。右ボタン(破線)を選択すると四隅の角丸を個別に数値で指定することができます。また数値ではなくoptionキーを押しながらドラッグすることで個別に角丸を指定することもできます。

ぼかしをつける

背景のぼかし

Webデザインによく見られる、背景に置かれた画像や図形をぼかす効果を表現できます。

1 ぼかしたいオブジェクトやテキスト、または画像などの前面に、ぼかしの効果をかけたい範囲をオブジェクトを作成して配置します。

2 前面のオブジェクトを選択し、プロパティインスペクターから[背景のぼかし]にチェックを入れます。

3 前面のオブジェクトにすりガラスのような効果がかかり、背面のオブジェクトや画像をぼかしてくれます。

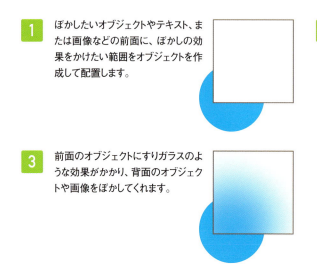

054

3-4　オブジェクトの効果

4　［ぼかし量］［明るさ］［効果の不透明度］を調整できます。

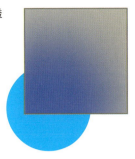

5　背景のぼかしは前面に配置したテキストでも使用することができます。画像やオブジェクトを文字の形でぼかしたり、写真の上にぼかし気味のテキストを乗せたりと、さまざまな活用方法があります。

オブジェクトのぼかし

オブジェクトやテキストそのものをぼかします。

1　オブジェクトを選択して、プロパティインスペクターの［背景のぼかし］の右側のVをクリックし、ポップアップメニューから［オブジェクトのぼかし］を選択します。

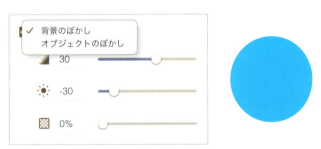

2　オブジェクトのぼかしは「ぼかし量」のみ設定が可能です。

3　テキストなど細い線や小さなオブジェクトは数値を小さくして確認してみましょう。

055

Lesson 03　XDでオブジェクトをつくる

lesson03 — 練習問題

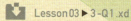

 楕円形を使ってマップピンのアイコンを作ってみましょう。
円オブジェクトを3つ作成して、塗りと境界線、オブジェクトのぼかし、
不透明度などを使って描きます。

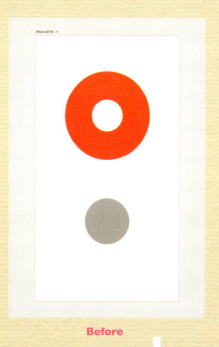

Before

After

❶ [楕円形] ツールで赤、白、灰色の円を図のように縦に並べて作成します。[選択範囲] ツールで3つの円を選択して [中央揃え]（水平方向）をクリックし、続いて赤と白の2つの円を選択して [中央揃え]（垂直方向）をクリックして位置を揃えておきます。
❷ 赤い円を [選択範囲] ツールでダブルクリックして編集モードに入り、4つのアンカーポイントのうち下部のアンカーポイントをダブルクリックし、コーナーポイントにします。

❸ そのコーナーポイントを下にドラッグして灰色の円の近くまで移動させます。マップピンの形に変形できました。
❹ 灰色の円には [オブジェクトのぼかし] を適用して影のようにぼかします。
❺ 灰色の円を選択して、上辺か下辺のハンドルを option キーを押しながら内側にドラッグし、横長に変形します。

056

曲線やアイコンの作成

An easy-to-understand guide to Adobe XD

Lesson **04**

XDの［ペン］ツールを使って複雑な曲線やアイコンなどを作成してみましょう。［ペン］ツールはベクター系のアプリケーションでは基本であり、最大の特徴ともいえる機能ですので、思ったとおりの線が描けるように練習してみてください。

Lesson 04　曲線やアイコンの作成

4-1 [ペン]ツールで線を描く

[ペン]ツールを巧みに使いこなすことでフリーハンドの図形も描くことができます。長方形や楕円形だけでは描けないイラストやアイコンなども、アンカーポイントやハンドルを作成、編集してオブジェクトにすることが可能です。

オブジェクトの各部名称

オブジェクトは、コーナーポイントとスムーズポイントの2種類のアンカーポイントと、アンカーポイントをつなぐ直線、曲線のセグメント、そしてアンカーポイントを制御するハンドルで構成されています。

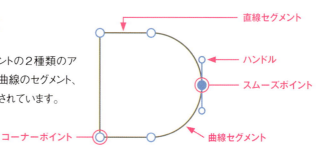

直線を描く

[ペン]ツールを選択すると、ポインターもペン先のアイコンになります。この状態でアートボード上の好きな場所をクリックしてみると、クリックした箇所が青い点で表示されます。そこからポインタを動かすと、青い点から伸びるようにグレーまたはブルーのラインが伸びてきます。この線は、次のクリックでこの線が引けるという「予測線」です。

1 クリックしたあと、カーソルを動かすと次のアンカーポイントまでの予測線が出ます。

2 2つのアンカーポイントが水平か垂直位置に揃うときのみ線が青く表示されます。

3 直前のアンカーポイント以外でも水平垂直位置にアンカーポイントがある場合は青いガイドラインが表示されます。

長方形を描く

青いガイドラインに沿って4点をクリックしていけば、自然と長方形が描けます。最後のアンカーポイントには、ポインターが[ペン]ツールから通常の選択用のポインターに表示が切り替わり、アンカーポイントが青くなる部分でクリックすると、セグメントをアンカーポイントにつけることができます。

1 線を描く要領で、まずはクリックして1つ目のアンカーポイントを置きます。ポインターを真横に持っていくと青いガイドラインが出るので、そのまま真横に2つ目のアンカーポイントを置きます。

2 3つ目は2つ目の真下にアンカーポイントを置きます。

058

4-1　［ペン］ツールで線を描く

3 4つ目は左下に置きます。この際、1つ目のアンカーポイントからガイドラインが伸びてくる場所を探すとちょうど真下にアンカーポイントをつくることができます。

4 最後に、1つ目のアンカーポイントの上にポインターを重ね、アンカーポイントが青く変わったところでクリックします。

5 青いガイドラインに沿ってクリックしていくだけで、きれいな長方形が完成します。

Shiftキーを使った正確なアンカーポイント作成

Shiftキーを押しながら線を描くと、自動的に45度、90度、135度という具合に、45度単位で描画が固定されます。これを利用するとすばやく正確な水平線などを描くことができます。

1 1つ目のアンカーポイントを作成したあと、普通にポインター（ペン）を移動させた場合は自由な角度に描けます。

2 Shiftキーを押しながら移動させた場合は、線は水平垂直か斜め45度になります。

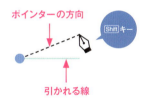

CHECK!
Shiftキーを使った移動

Shiftキーでの矯正は、ほかのツールなどでも有効です。［選択範囲］ツールでオブジェクトを移動させる場合なども、Shiftキーを押しながらドラッグすると、移動先が45度、90度などの方向に固定されます。

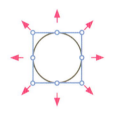

曲線を描く

［ペン］ツール最大の特徴は、スムーズポイントを駆使した曲線を自在に描くことができる点です。
これまでの直線的な図形だけでなく、波型や三日月型などを表現できます。まずは簡単な曲線から描いてみましょう。

1 ［ペン］ツールを選び、好きな位置でマウスボタンを押した状態にしておきます。

2 そのまま上にドラッグしていくと、セグメントの形を決めるハンドルと呼ばれる青いバーが伸びていきます。

3 ハンドルを伸ばしたところでボタンを放し、ポインタを移動させると、直線のときと同様に次のアンカーポイントを置いた場合の予測線が表示されポインターについてきます。

4 マウスボタンを押し、今度は下に向かってドラッグします。これで山なりの曲線が掛けました。

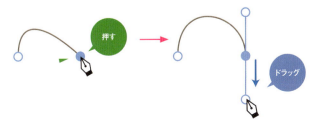

059

Lesson 04　曲線やアイコンの作成

CHECK! 描画を終了するには

最後のアンカーポイントをつなげてクローズパスにせず、オープンパスで線を書き終えたいときは、ツールバーのほかのツールを選んだり、［レイヤー］パネルなどアートボード外をクリックすると［ペン］ツールでの描画が終了されます。

波線を描く

先ほどの要領で、今度は波線を描いてみます。
さまざまな形を作成することで、［ペン］ツールの癖が見えてくるのでぜひ試してみましょう。

1 先の曲線と同じ要領で［ペン］ツールでアンカーポイントを決め、上にドラッグします。

2 2つ目のアンカーポイントでは、ハンドルを今度は上に伸ばしてみましょう。するとS字のようなカーブが描けます。

3 続けて上にドラッグしてパスを増やしていくと、波線のようなカーブがつくれます。［ペン］ツールではこのような描き方もできるので、覚えておきましょう。

折り返しを描く

［ペン］ツールを使って鋭角のあるパスを書いてみましょう。パスの折り返しは option キーを押しながらドラッグすることでつくることができます。アイコンやイラストを描く際は必ず必要になってきますので、描き方をマスターしておきましょう。

1 1つ目のアンカーポイントで上にドラッグ、2つ目で下にドラッグして、山なりの曲線を描きます。

2 2つ目でドラッグしたマウスのボタンを放さず、そのまま option キーを押します。

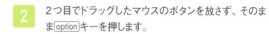

3 マウスのボタンと option キーを押したまま、ドラッグの方向を変えてみましょう。すると、アンカーポイントでハンドルの向きを変えることができます。

4 残っているハンドルの少し右横にきたところで、マウスのボタンと option キーの両方を放します。

5 再び別の位置にアンカーポイントを置き、下にドラッグすると、先ほどの2つ目のアンカーポイント部分で折り返したM字型の線が描けます。

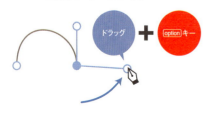

三日月を描く

折り返しは途中だけでなく、パスを閉じる場合にも描くことができます。
通常はクローズパスで図形を描くことのほうが多いはずですので、この操作も覚えておきましょう。

1 円弧を2つ描くイメージで、まずは左から右上にハンドルをドラッグします。

2 2つ目のアンカーポイントは右下に、真下に伸びるようにハンドルをドラッグします。

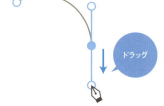

3 1つ目のアンカーポイントと位置を揃える形で、3つ目のアンカーポイントを置き、左上にハンドルを伸ばしましょう。これでまずは三日月の半分が描けました。

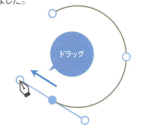

4 ドラッグしたマウスを離さずに、optionキーを押してハンドルの向きを変えます。元のハンドルより少し上のあたりまでハンドルがくるくらいの位置で放しましょう。

5 4つ目は2つ目のアンカーポイントの左にくるようにアンカーポイントを置きます。ハンドルは上に伸ばしておきましょう。

6 パスを閉じるため、最初のアンカーポイントの上にポインターを重ねます。クリックしてしまうと鋭角ではなくなってしまうので、optionキーを押しながら最初のアンカーポイントの上から左下にドラッグします。これで最初のハンドルは動かないまま最後のハンドルが作成できます。

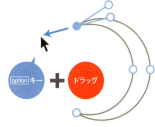

あとからポイントを変更する

一度描いてしまったスムーズポイントを、あとからコーナーポイントにすることもできます。パスを描いているうちに、ドラッグを放してしまい角をつくれなくなってしまうことがあります。その場合でもあらためてハンドルを掴んで移動することで修正が可能です。

1 途中でマウスボタンを放しても続けて描画が可能です。

2 放してしまったハンドルに再びポインターを重ねて青くなったところでoptionキーを押します。

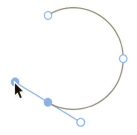

3 そのままドラッグすれば、再び角をつくり直すことができます。

Lesson 04　曲線やアイコンの作成

4-2 パスの編集

一度作成したパスはあとからでも編集が可能です。
いきなり綺麗に描けなくても、細かい調整はあとからおこなうほうが整えやすいので、
まずは全体をつくってから調整するほうがよいでしょう。

描画したオブジェクトの編集

Lesson04 ▶ 4-2.xd

1 作成済みのオブジェクトを編集するには、まず編集モードにする必要があります。［選択範囲］ツールを選びパスを編集したいオブジェクトをダブルクリックします。

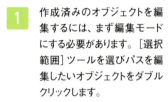

2 自動的に一番最初のアンカーポイントが選択状態になるので、編集したいアンカーポイントを選びクリックします。この際セグメントをクリックしてアンカーポイントを追加しないように注意しましょう。

3 ［選択範囲］ツールのままアンカーポイントをマウスでドラッグすれば、元の位置から自由に動かすことができます。

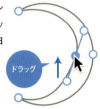

4 ハンドルに関しても同様に、動かしたいハンドルを選びドラッグします。曲線の形を変えたい場合はハンドルを伸ばしたり縮めたりもできるので、思い通りの形を探しながら編集してみましょう。

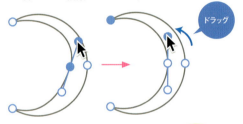

2本のハンドルを個別に編集する

アンカーポイントから出る2本のハンドルは option キーを押しながらドラッグすると、長さや角度を個別に操作することができるようになります。複雑な形を描いていると、コーナーポイントを作り損ねてしまうこともあります。その場合でも慌てずに、編集で直しましょう。

1 編集モードで編集したいポイントをクリックするとハンドルが現れます。このままハンドルを動かすと両側のハンドルが連動します。

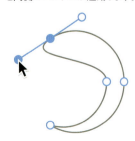

2 option キーを押しながら一方のハンドルをドラッグすると、ハンドルが独立して動き新しいコーナーポイントを作ることができます。

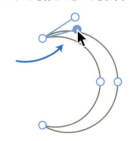

CHECK!

スムーズポイントに戻す

一度コーナーポイントにすると、それ以降は option キーを押さなくても2本のハンドルを独立して動かせるようになります。再び連動させたいなら、アンカーポイントをダブルクリックするとハンドルがないコーナーポイントになり、もう一度ダブルクリックするとハンドルが初期化されたスムーズポイントになります。

4-3 オブジェクトの合成

[ペン]ツールだけでは表現できない図形の合成や重なった部分の抜きは
パスファインダーを使用します。
オリジナルのアイコンを作成するために必要な機能なので
機能の種類を覚えておきましょう。

Lesson 04 ▶ 4-3.xd

パスファインダーで図形を合成する

「パスファインダー」とは、複数のオブジェクトを[合体][前面のオブジェクトで型抜き][交差][中マド]など合成加工してくれる機能です。

長方形と丸を合体させる

1 [楕円形]ツールと[長方形]ツールで図のような円と長方形を作成し、2つが重なるように配置します。

2 重なった2つのオブジェクトを選択範囲ツールで選択し、パスファインダーアイコンの中の[合体]をクリックします。

3 2つが合成された形で表示されます。ピンのような形になります。

[合体]

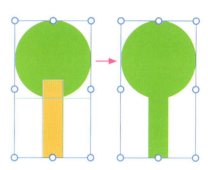

前面のオブジェクトで背面のオブジェクトを型抜きする

背景に塗りや模様がある場合は、[前面のオブジェクトで型抜き]か[中マド]で抜くことができます。
この2種類は効果が似ているので、違いを確認しておきましょう。

1 合体したオブジェクトにさらにオブジェクトを重ねます。新しく[楕円形]ツールで円を描き、それをピンの頭の上に重ねましょう。

2 [選択範囲]ツールで合成したいすべてのオブジェクトを選択し、[前面のオブジェクトで型抜き]を選択します。

[前面のオブジェクトで型抜き]

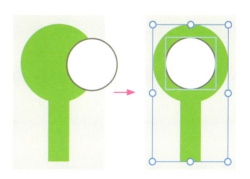

Lesson 04　曲線やアイコンの作成

3　重ねた円で下のピンの頭が切り抜きされます。ダブルクリックして編集モードにして❶、重ねた円を選択してピンからはみ出すように移動してみましょう❷。型抜きの場所も移動することがわかります。

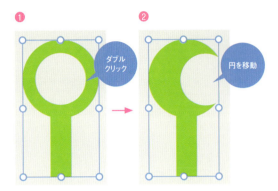

元のオブジェクトの情報は維持される　CHECK!

パスファインダーをかけたオブジェクトは、パスを編集、変形したわけではなく、中に元の形を保持しています。[選択範囲]ツールでダブルクリックすることで再び編集することができます。

オブジェクトの重ね順で変わる　CHECK!

名前のとおり、一番下にあるオブジェクトを前面にあるオブジェクトで切り抜きますので、重なりかたによって適用後の結果が変わります。前後を入れ替えた場合や、複数のオブジェクトを重ねた場合で試してみるといいでしょう。

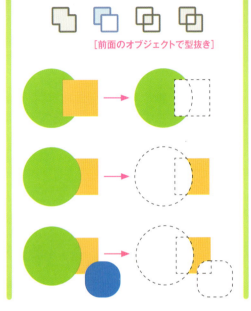

オブジェクトの重なった部分をマドにする

次に[中マド]の効果を見てみましょう。[中マド]は重なった部分のみが切り抜きになり、重なっていない部分は背面のオブジェクトと同じ扱いになります。

1　⌘+Zキーを2回押して、円の移動と[前面のオブジェクトで型抜き]の操作を取り消します。[中マド]をクリックします。

2　[前面のオブジェクトで型抜き]と同じように見えますが、ダブルクリックして❶重ねた円を移動してみると、はみ出した部分が背面オブジェクトの色と線の設定になります❷。

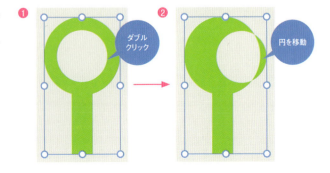

064

オブジェクトの重なった部分だけを描画する

[交差]はオブジェクトの重なった部分だけを表示させます。
図のような円と正方形のオブジェクトを描いて試してみましょう。

1 2つのオブジェクトを[範囲選択]ツールで選択し、[交差]をクリックします。

[交差]

2 2つの図形の重なった部分が抜き出されます。色は背面(下)にある図形の色が適用されます。

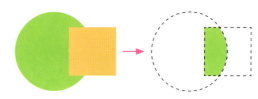

CHECK! 3つ以上のオブジェクトの[交差]

重ねる図形は3つ以上でも効果がかかります。しかし、必ずすべての図形がどこかで重なっていなければなりません。すべてが重なる部分がない場合は[交差]がクリックできなくなります。

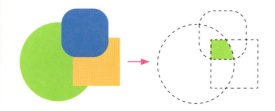

すべてが重なる部分がないと[交差]は適用できません。

パスファインダーの適用を解除する

すべてのパスファインダーは解除して元の複数のオブジェクトに戻すことができます。解除したいオブジェクトを選択すると、適用中のパスファインダーのボタンが青くなっています。それを再びクリックすれば元の2つの図形に戻すことができます。ただし、解除したオブジェクトの色や線は、すべて背面にあったオブジェクトの設定に変わっています。元に戻すには、再びそれぞれ色や線を指定する必要があるので注意しましょう。

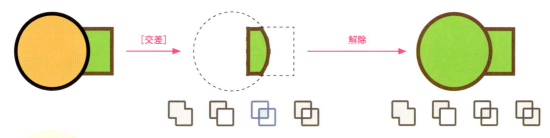

CHECK! 解除後も図形のまま使える

[長方形]や[楕円形]ツールで描画した図形にパスファインダーをかけて解除した場合は、再び長方形や楕円形として扱うことができます。長方形や楕円形を編集したときのように「パス1」などに変わってしまうことはありません。

Lesson 04 曲線やアイコンの作成

4-4 アイコンを作成する

これまで覚えた [ペン] ツールや合成の基本を利用してアイコンを作成します。
オリジナルのアイコンやロゴはデザインする上で必要な技術ですので、
思い通りの形を描画できるように練習していきましょう。

[ペン] ツールとパスファインダーでアイコンを描く

これまでのパスの使い方を応用して、絵やアイコンを描くことができます。
おなじみの温泉マークを例に、アイコンを作ってみましょう。

Lesson 04 ▶ 4-4.xd

S字のオブジェクトを作る

1 波線で練習したS字曲線を作成します。縦にSを描くので、1つ目のハンドルを左下、同じく2つ目のハンドルも左下に伸ばしましょう。

2 折り返しの鋭角を作る要領で、[option]キーを押したまま右にハンドルを方向転換します。

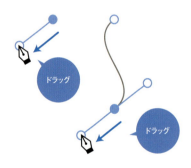

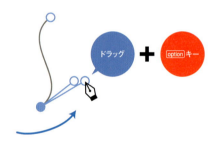

3 1つ目に描いたアンカーポイントにつなげるように、再び[option]キーを押しながらドラッグして細長いS字を作ります。

4 オブジェクトを複製します。[選択範囲] ツールでオブジェクトを選んで、[option]キーを押しながらドラッグすれば簡単にコピーができます。[option]キーは先に押しても、途中で押してもかまいません。これを2回繰り返してオブジェクトを3つにします。

CHECK! 複製の方法
[複製] はショートカットの⌘＋Dキーや、[編集] メニューから [コピー] → [ペースト] の順に選択しても可能です。

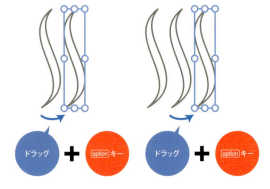

4-4　アイコンを作成する

CHECK! option キーで情報を見ながら操作

オブジェクトを選択して option キーを押すと、アートボード上のオブジェクトの位置を数値で表示してくれます。option キーを押しながらドラッグする際は、隣のオブジェクトと位置を示す数値や整列を示すガイドラインが表示されます。さらに複数のオブジェクトが等間隔になったときは赤い帯で隙間を表示してくれるので簡単に等間隔のコピーが作成できます。

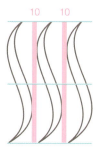
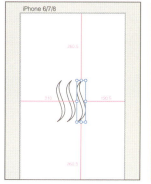

円弧状のオブジェクトを作る

1 先ほどコピーした3つのS字オブジェクトの上に、[楕円形] ツールで大小の2つの楕円形を描きます。小さい楕円は大きな楕円の少し上にはみ出す位置に置きます。

2 2つ重ねた楕円を [選択範囲] ツールで選び、パスファインダーの [前面オブジェクトで型抜き] をクリックします。大きな楕円が前面の小さな楕円で切り抜かれて円弧状になります。

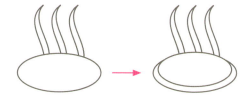

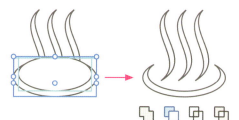

[前面のオブジェクトで型抜き]

3 最後に、[選択範囲] ツールで全体を選び、オブジェクトの [塗り] を好きな色に指定し、[境界線] をなしにすれば温泉マークができあがります。

COLUMN

ピクセルに合わせる

[長方形] ツールや [楕円形] ツールで描画したオブジェクトは自動的にピクセルに合わせた整数値で描画されますが、[ペン] ツールで描いたオブジェクトは整数になるとは限りません。そこで、整数に合わせたいときは、そのオブジェクトを選択して [オブジェクト] メニューにある [ピクセルグリッドに整合] を実行しましょう。小数点以下の数値が丸められて整数値になります。ただし、わずかとしても数値が変わるとオブジェクトは変形しますので、ロゴなど変形してはいけないものには適用しないように注意しましょう。

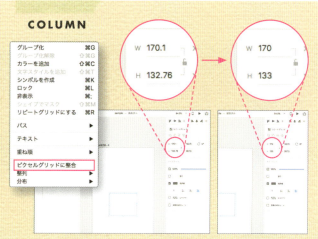

Lesson 04　曲線やアイコンの作成

lesson04 ― 練習問題

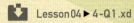　Lesson04 ▶ 4-Q1.xd

　[ペン] ツールと [楕円形] ツールでを使って
魚の本体、ヒレなどのパーツを作成して、パスファインダーの合体、
前面のオブジェクトで型抜き、中マドを使って図形を合成し、
図のような魚のアイコンをつくりましょう。

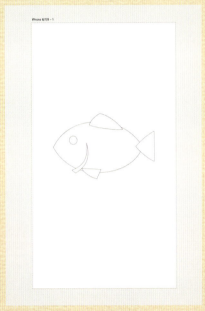

Before

After

❶ 魚の胴体となる「アーモンド型」を描きます。[楕円形] ツールで横長の楕円形を描いて、ダブルクリックで編集モードに入ります。楕円の左右のポイントをダブルクリックでコーナーポイントにして、上下のポイントのハンドルを伸ばして形を整えるといいでしょう。
❷ [ペン] ツールで、背びれ・腹ひれは「緩やかな三角形」、尾ひれは「三角形」、エラは「爪型」を描きます。フリーハンドで描き、滑らかな角はドラッグしてスムーズポイントにし、鋭角は option キーを押しながらハンドルを操作しましょう。
❸ [楕円形] ツールで目にあたる円のパーツを作成します。

❹ 胴体・背びれ・腹ひれ・尾ひれにあたる部分を [選択範囲] ツールで選択し、パスファインダーの [合体] をクリックします。
❺ 「合体 1」と目・エラを選択し、[前面オブジェクトで型抜き] を適用します。
❻ [塗り] を黒 (#000000) または好みの色に変更すれば完成です。うまく型抜きされない場合は、オブジェクトの重ね順を確認して、目・エラを合体した胴体より前面に配置してください。

テキストや画像の扱い

An easy-to-understand guide to Adobe XD

Lesson 05

XDはテキストを入力したり、すでにあるテキストデータから読み込んで配置したり、ビットマップ画像や外部アプリケーションで作成したベクターデータなどを読み込むことができます。XDだけではなく、ほかのツールと連携することでより便利に使いこなすことができるので、その方法や連携できるデータの種類を覚えておきましょう。

Lesson 05　テキストや画像の扱い

5-1 テキストの入力

文字を入力するには［テキスト］ツールを使います。
XDでのテキスト入力にはポイントテキストとエリア内テキストの2種類があります。
基本操作と、応用方法を確認していきましょう。

ポイントテキストとエリア内テキスト

 Lesson 05 ▶ 5-1.xd

XDでのテキストの扱いは「ポイントテキスト」と「エリア内テキスト」の2種類があります。ポイントテキストは［テキスト］ツールでクリックした場所にすぐ入力ができ、見出しや数行程度の短い説明を入力するときに適しています。エリア内テキストは［テキスト］ツールで文字の入力範囲をドラッグで決めて、入力した文字はその長方形に収まるように自動的に行が折り返されて表示されます。本文のような長い文章や写真の幅に合わせたキャプションを入力するのに適しています。ポイントテキストとエリア内テキストはボタンを押すだけで簡単に切り替えることができます。

ポイントテキストを入力する

1 ツールバーから［テキスト］ツールを選択し、アートボード上の好きな位置を一回クリックします。すると、見えにくいですが小さい縦棒がクリックした部分で点滅しているので、そのままキーボードで文字を入力してみましょう。

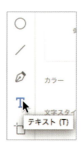

2 ポイントテキストの場合、文字は入力した分だけ横に続いていきます。文字の変換を決定後、さらに return キーを押すと改行することができます。

3 文字の入力を終了するには⌘＋ return キーを押すか、入力中のテキスト以外のどこか別の場所をクリックします。

4 入力確定後、ポイントテキストの文字サイズは下部の丸いポイントにカーソルを重ね、図の状態で上下にドラッグすると変更できます。

サイズを数値で指定する　CHECK!

プロパティインスペクターの［テキスト］の［フォントサイズ］で数値指定することもできます。入力中に範囲指定して一部だけサイズを変えることも可能です。

ポイントテキストの編集

1. [テキスト]ツールでクリックを2回、または[選択範囲]ツールでダブルクリックすると編集モード（背景が水色の状態）になります。エリア内の文字がすべて選択されている状態です。

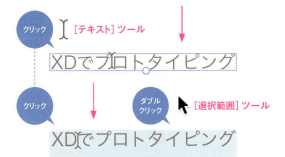

2. クリックするとカーソルを置いて文字を編集したり Delete キーで削除できます。

3. 文字範囲を選びたいときはドラッグするか、クリック後に Shift キーを押しながらカーソルキー（↑↓←→）でカーソルを移動しても選択できます。

エリア内テキストを入力する

1. [テキスト]ツールでアートボード上ですると、破線でエリアが表示されます。これがエリア内テキストの基準になるエリアの指定です。

2. テキストを入力します。文字数がエリアの幅に入らなくなると、自動的に行が折り返されてエリア内に表示されます。これは return キーによる改行とは異なります。

　ある日の暮方の事である。一人の下人が、羅生門の下で雨やみを待っていた。

3. 文字の入力を終了するには ⌘ + return キーを押すか、入力中のテキスト以外のどこか別の場所をクリックします。

4. テキストを確定するとエリアに収まらない部分は見えなくなります。続きのテキストが隠れている場合は、エリア表示の破線の下部にある丸いポイントが二重丸になります。

　ある日の暮方の事である。一人の下人が、羅生門の下で雨やみを

エリア内テキストの編集

ポイントテキストと同様です。[テキスト]ツールでクリックを2回、または[選択範囲]ツールでダブルクリックして編集モードに入り、文字を編集します。

1. [選択範囲]ツールを選んで、テキストエリアの8カ所にある丸いポイントに重ね、ポインターが矢印に変化した状態で❶上下左右にドラッグすると、エリアのサイズを変更することができます❷。隠れていたテキストも、エリアを広げると表示されるようになります。文字サイズはポイントテキストのようにドラッグでは変更できません。

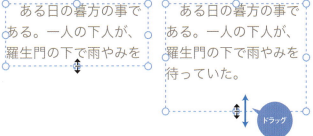

2 エリア内テキストに限り、プロパティインスペクターの[W][H]でエリアのサイズを指定できます❶。また、エリアの外側でカーソルが90度曲がった矢印になったところでドラッグすると回転できます。ポイントテキスト・エリア内テキストともに[回転]の数値で角度を指定可能です❷。

ポイントテキストとエリア内テキストの切り替え

[ポイントテキスト]と[エリア内テキスト]のボタンをクリックすると相互に切り替えられます。

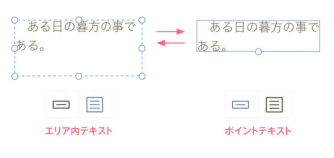

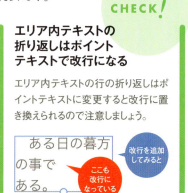

CHECK!

エリア内テキストの折り返しはポイントテキストで改行になる

エリア内テキストの行の折り返しはポイントテキストに変更すると改行に置き換えられるので注意しましょう。

テキストの設定

文字サイズとフォントを変更する

テキストのサイズやフォント、行間などの設定はプロパティインスペクターの[テキスト]にある項目で変更できます。

1 文字サイズは[フォントサイズ]をクリックして好きな数値を入力するか、カーソルキーの↑↓を押せば変更が可能です。

2 フォントの変更は[フォント]の右にある⌄をクリックしてプルダウンメニューから選びます。

CHECK!

フォント名を直接入力

フォント名がわかっている場合、フォント名の場所を直接クリックして入力することもできます。最初の数文字を入力すると自動的に候補のフォント名が表示され、↑↓キーで選ぶだけで指定できます。

5-1 テキストの入力

3 選んだフォントに、太さ・斜体などのバリエーションがある場合は、[フォントスタイルを選ぶ]プルダウンメニューから選択できます。フォントスタイルがないフォントの場合は、グレーアウトしています。

段落の文字揃えの変更

段落の文字揃えは[左揃え][中央揃え][右揃え]のボタンで変更できます。ポイントテキスト・エリア内テキストともに、一部だけを異なる設定することはできません。

文字間と行間の変更

文字と文字の距離（文字間）や、行の高さ（行間）を任意の数値で指定することができます。プロパティインスペクターの[テキスト]の中にある[カーニング]（Windowsは[文字の間隔]）と[行送り]の設定を変更しましょう。

1 文字間は[カーニング]の数値をクリックして直接入力するか、カーソルキーの[↑][↓]で変更することができます。

2 行間は[行送り]の数値で同様に指定します。

CHECK!
エリア内テキストでは注意

カーニングや行間を大きくした場合、ポイントテキストであればカーニングなら右方向に広がり、行間は下方向へ伸びていくだけですが、エリア内テキストの場合は表示範囲に注意しましょう。カーニングや行間を広げると、行の折り返し位置が変わったり、表示エリアをはみ出してしまう可能性があります。

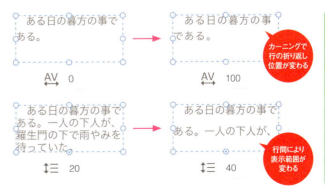

073

テキストの装飾

ポイントテキスト・エリア内テキストは基本的には1つのオブジェクトと同様に扱われます。［行送り］［文字揃えの向き］、［塗り］［境界線］の有無、［シャドウ］の有無、［不透明度］などはオブジェクト全体の設定として変更することしかできません。しかし、一部の機能はテキスト内の範囲を指定して変更できますので、覚えておきましょう。

テキストの一部を選択し色やサイズを変更する

1. テキストの一部を修正・変更してみましょう。変更したいテキストを［テキスト］ツールで2回クリックして編集モードに入ります。一部範囲をドラッグ、あるいは [Shift] + ↑↓←→ キーを使って選択します。

2. プロパティインスペクターで［テキスト］の設定を任意に変更します。次の設定が個別に指定できます。

- フォント
- フォントスタイル
- フォントサイズ
- 塗りの色（境界線の色は不可）
- カーニング
- 下線

それ以外の設定は段落全体に反映するので注意しましょう。

テキストの下線

テキスト全体あるいは一部を選択した状態で［下線］のアイコンをクリックすれば、下線が引かれます。ただし、XDの下線は「ベースライン」（フォントの基準線）に引かれるため、ベースラインの下までデザインされている文字は下線が非表示になります。Webデザインなどで使用する下線（underline）の指定とは表示が異なるので、使用する際は注意しましょう。

アピアランス設定

テキストも全体に対してオブジェクトと同じく、塗りの色、境界線、シャドウなどのアピアランスの設定ができます。

1. ［塗り］のカラーをクリックして青に変更します。
2. ［境界線］にチェックしてカラーを赤にします。
3. ［シャドウ］にチェックして色や位置、ぼかしを設定します。

5-2 テキストの流し込み

XDでは外部のテキストデータを読み込んで配置することができます。
あらかじめ用意しておいた原稿をXDでそのまま使うことができ、
非常に便利ですので覚えておきましょう。

テキストデータを用意する

 Lesson 05 ▶ 5-2.ai、5-2.psd、5-2.xd、sample.txt

プレーンテキストを用意します。Macの場合は「テキストエディット」、Windowsの場合は「メモ帳」といった標準アプリや、「Word」などのワープロソフトでもテキストファイルを作成できます。新規ファイルを作成してテキストを入力し、ドキュメントフォーマットを装飾のない「プレーンテキスト」にして保存しましょう。Macのテキストエディットの場合なら[フォーマット]メニューから[標準テキストにする]を選べばプレーンテキストに変更できます。拡張子は「.txt」にしておくとよいでしょう。

テキストをXDに読み込む

作成したプレーンテキストの読み込みには次の3つのやり方があります。

❶ テキストファイルアイコンをXDの画面にドラッグ&ドロップ
❷ テキストファイルを開いてテキストを選択してコピー、XDで⌘+Vキーでペースト
❸ [ファイル]メニューの[読み込み]を選びテキストファイルを指定

これで自動的に300px×300pxのエリア内テキストとして読み込まれます。読み込んだテキストは元のテキストファイルとリンクしているわけではありません。単純にペーストしただけなので、元のテキストデータを再編集した場合でも、一度XDに読み込んだテキストデータの内容は変更されません。配置された文字は[テキスト]ツールを使って自由に編集でき、エリア内テキストのサイズも[選択範囲]ツールで変形が可能です。

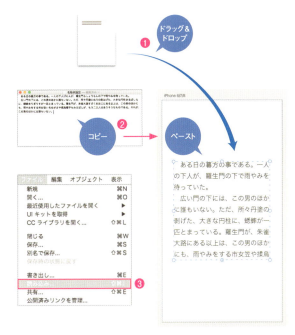

既存のテキストエリアにテキストを読み込む

あらかじめ［テキスト］ツールで作成しておいたテキストエリアに読み込ませることもできます。
あとからサイズを調整しなくても、簡単に決まったエリアサイズに流し込むことができます。

1. 仮テキストで作成しておいたエリア内テキスト❶に、テキストファイルのアイコンをドラッグします❷。すると、テキストファイル内のテキストが読み込まれて置き換えられます❸。

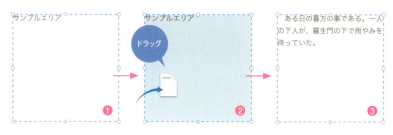

2. 仮テキストのポイントテキストにドラッグして読み込ませることもできます❶。この場合は、文字の分だけ行の長さは右へ伸びます❷。

CHECK! 改行があるテキストに注意

既存のテキストエリアへドラッグ&ドロップで読み込む機能はリピートグリッド（Lesson 06参照）で活用することを前提としているため、改行があるとそれ以降のテキストは読み込まれません。注意しましょう。改行のある文章を読み込むときは、いったん新しいエリア内テキストとしてドロップしてからコピーするか、またはテキストファイルを開いて全文をコピーし、既存のテキストエリアを選んで編集モードにして⌘+Ⅴでペーストします。

本来あるはずの文章　　　読み込まれる文章

PhotoshopやIllustratorからのテキストのコピー

PhotoshopやIllustratorで作成しフォントサイズなどスタイルを設定したテキストを、XDにコピーすることができます。操作方法によってコピーの結果が異なるので気をつけましょう。XDはテキストを読み込む際、SVGデータとしてPhotoshopやIllustratorから取得します。

Photoshopからテキストをコピーする

Photoshopからテキストをコピーする場合、テキストのレイヤーを右クリックしてコンテキストメニューから［SVGをコピー］を実行すれば、テキストのままXDに貼りつけることができます。

5-2 テキストの流し込み

COLUMN

Photoshopで通常のコピーを実行すると

[移動]ツールや[長方形選択]ツールでテキストレイヤーを選択してコピーすると、ラスタライズされたビットマップ画像としてXDにペーストされます。また[文字]ツールで選択した場合は、文字スタイルはコピーされずプレーンテキストとして貼りつけられます。

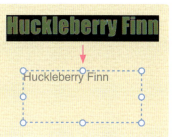

Illustratorからテキストをコピーする

1 Illustratorで作成したテキストを[選択]ツールで選び、コピーします。そのままXDに貼りつければフォント・サイズ・カラー・行送りの情報をペーストすることができます。

2 カーニング（文字間）やトラッキング（文字送り）の情報はXDに引き継ぐことはできないので注意しましょう。

3 ベースラインシフトや文字回転のようなIllustrator独自の機能は、1つのテキストではなくブロックに分割されます。ここではHの文字だけベースラインシフトしていたので別ブロックになっています。

4 [テキスト]ツールで一部または全部を選択してコピーした場合、XDにペーストした際にグループ化されて、テキストだけでなく不要なオブジェクトデータがついてきます。しかし、テキストのトラッキングの情報を引き継ぐことができます。これを利用する場合は、グループ化を解除して不要なオブジェクトを削除することを忘れないようにしてください。

5 [パスの変形]など一部を除き、フィルターや効果などIllustrator独自の加工をXDにペーストすると、シャドウなどの効果は失われます。

CHECK!
コピーできないフォントに注意

現在のバージョンではA-OTFやAP-OTFなど、一部のフォントがコピーできないバグがあります。うまくペーストできない場合はフォントを変えるか、XD側で再設定しましょう。

5-3 テキストのパス化

テキストはパスに変換することができます。
パスとなった文字は図形と同じようにアンカーポイントやハンドルを操作して変形できるので、加工してロゴやアイコンなどに利用することができます。

テキストをパスに変換する

Lesson05 ▶ 5-3.xd

入力したテキストはそのままプレーンテキストとしてコピーし、Webサイトなどに使用することができますが、ロゴやアイコンの場合は文字をひとつのデザイン、図形として使用したいときもあります。そんな場合はテキストをパス化することでテキスト情報を破棄し、オブジェクトに変換して利用することができます。

1 ［選択範囲］ツールでテキストをクリックして選択し、ポイントテキスト・エリア内テキストに枠とハンドルが表示されるエリア編集の状態にします。背景が青くなるテキスト編集モードではありません。

○ エリア選択状態

× テキスト選択状態

2 ［オブジェクト］メニューから［パス］→［パスに変換］を選択します。

3 変換されたパス（元テキスト）は一見すると変化がわかりませんが［選択範囲］ツールでダブルクリックして編集モードにしてみましょう。図形などのオブジェクトと同様にパスが表示され、変形・編集ができるようになっています。

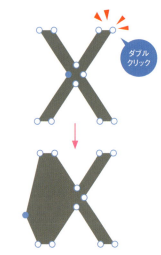

オブジェクトとして変更できます。

5-4 ビットマップ画像の読み込み

XDではビットマップ画像としてPNG・JPG・TIFF・GIF
またはBMP形式の画像を読み込むことができます。
ここでは一般的な写真などの素材を読み込む際の基本を紹介していきます。

Lesson 05 ▶ 5-4.psd、5-4.xd、flower.jpg

ビットマップ画像を読み込む

画像ファイルの読み込みにも3つのやり方があります。

❶ **画像ファイルアイコンを XD 画面に
ドラッグ&ドロップ**
❷ **画像ファイルを開いて範囲選択してコピー、
XD で ⌘ + V キーでペースト**
❸ **[ファイル]メニューの[読み込み]を選び
画像ファイルを指定**

読み込んだ際のサイズは画像のサイズ（解像度）に依存するので、あまり大きな画像を入れてしまうとアートボードからはみ出した状態で表示されます。

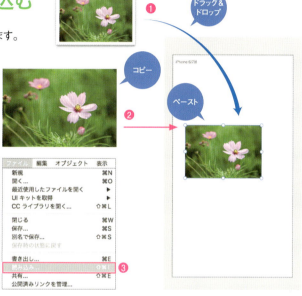

ブラウザからの画像の読み込み

PCに保存されている画像ファイル以外に、任意のWebサイトをブラウザで開き、そこから画像をXDへドラッグ&ドロップしても読み込まれます。ブラウザはChromeやSafariなど好きなものでかまいません。また、右クリックしてコンテキストメニューから[画像をコピー]などでコピーし、XD上で⌘+Vでペーストをしても可能です。サンプルサイトや既存サイトのリニューアルで、すでにあるサイトの画像を新デザインに流用したい場合などにも役立ちます。

**抽出できない
画像に注意**　CHECK!

ブラウザ上に見える画像はその構築方法（表示方法）によりドラッグで抽出や右クリックでコピーできない場合もあるので注意しましょう。

Microsoft Edge の場合

ドラッグ&ドロップでは配置できないので、右クリックでのコピー&ペーストを使ってください。

079

Lesson 05　テキストや画像の扱い

Photoshopからの画像の読み込み

Photoshopからも同様に、保存されたファイルでなくても、画面上で任意の範囲やレイヤーを選択し、コピー&ペースト、またはPhosothopの［移動］ツールでドラッグをすれば、XD上にペーストすることができます。

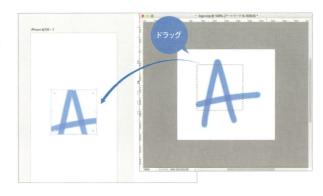

読み込んだ画像の特徴

XDに読み込まれた画像は、長方形オブジェクトの中に表示されている状態になっています。扱いとしては「オブジェクトの［塗り］に画像が指定されている」と考えてもよいでしょう。オブジェクトを変形すると常に隙間なくカバーするように大きさを変えて表示されます。Webサイトの表現に使用するCSSでいうと「background-size:cover;」の指定と同じような動きをするようになっています。

1 読み込んだ画像を［選択範囲］ツールでダブルクリックすると、長方形オブジェクトと同様に編集モードになり、左上のアンカーポイントが青く表示されます。

2 アンカーポイントを画像の外側に動かしてみましょう。変形したオブジェクトを隙間なく埋めるように画像が拡大され、元画像の中央に合わせて切り取って表示します。

3 セグメントにカーソルを合わせると［ペン］ツールになるので、配置後にアンカーポイントを追加できます。

4 追加したポイントをドラッグしたり、ダブルクリックでハンドルを出してポイントの編集も可能ですので、画像を表示する形を自由に編集することができます。

既存のオブジェクトに画像を配置する

あらかじめ作成しておいたオブジェクトに画像を読み込ませることもできます。オブジェクトの形は長方形や楕円形以外に［ペン］ツールで描いた自由な形状でも大丈夫です。

そこにJPG、PNG、GIFなどの画像ファイルをドラッグ&ドロップします。画像はやはりオブジェクト全体をカバーするように中央合わせで表示されます。

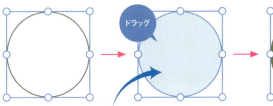

複合的なオブジェクトに画像を配置する

いくつかのオブジェクトを組み合わせた複合的なオブジェクトにも、画像の配置が可能です。パネル状に並べた9つの長方形オブジェクトを例にしましょう。

これらの長方形をすべて選択してグループ化しても、画像をドラッグ&ドロップするとオブジェクト1つにつき1つの画像が配置されます。

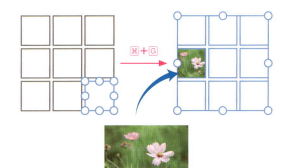

全体を1つのオブジェクトのように画像を表示させたい場合は、すべてのオブジェクトを複合パス化します。複合パスとは、複数のオブジェクトを組み合わせて扱う機能で、XDでは4-3で説明した「パスファインダー」がそれにあた

ります。複数のオブジェクトを合体させたり、前面オブジェクトで型抜きや中マドといった表現を可能にします。これによって複雑なパスの組み合わせでつくったアイコンやイラストなどにも、画像を表示することができます。

1 パネル状に並べたすべてのオブジェクトを選択し、パスファインダーの［合体］を適用します。

2 合体したオブジェクトに画像をドラッグすれば、全体を1つのオブジェクトとして画像が配置されます。

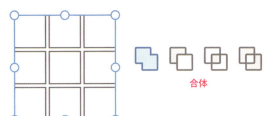
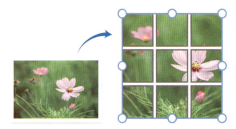

画像を任意に切り抜くには「シェイプでマスク」

画像を配置しただけでは、オブジェクト全体をカバーするように画像が自動的に拡大縮小され、中央部が表示されます。しかしデザインする上で、任意の箇所をクローズアップしたいこともあります。そのような場合はマスク機能を活用しましょう。マスクとは、画像やほかのオブジェクトを任意のオブジェクトの形で切り抜いて、一部だけを表示する機能です。

流し込みで表示される領域

表示したい領域

1 切り抜きたい形のオブジェクトをつくって画像の前面に重ねます。ここでは[楕円形]ツールで正円を描きます。

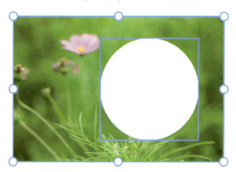

2 [オブジェクト]メニューから[シェイプでマスク]（⌘＋Shift＋M）を選択します。

3 前面のオブジェクト（正円）の形で背景の画像が切り抜かれて表示されます。

4 マスク位置やサイズを細かく調整したい場合は、[選択範囲]ツールでマスク画像をダブルクリックすれば、編集モードになり変更が可能です。

5-5 ベクターデータの読み込み

IllustratorやSketchなど外部のソフトで作成した
ベクターデータを読み込むことができます。
ロゴやアイコンなどあらかじめ作成されているデータを読み込んでみましょう。

Lesson 05 ▶ 5-5.ai、5-5_logo.ai、5-5_logo.svg、5-5.xd

ベクターデータを配置する

コピー&ペーストで読み込む

元となるベクターデータをIllustratorで開き、オブジェクトを選択してコピーし、XDに⌘＋Vでペーストします。アピアランスやパターンを利用していないシンプルなアイコンやロゴであればこれで利用できます。

線の位置で結果が変わる

注意が必要なのは、線の位置で結果が変わることです。XDにも境界線の位置の設定がありますが、Illustratorでの線位置はそのままXDに引きつがれません。Illustratorで線を内側や外側に設定したベクターデータをXDにペーストしてみると、見た目は同じなのですが［選択範囲］ツールで編集してみるとつくり方が異なっています。等しくするにはあとから修正したりつくり直す必要があります。

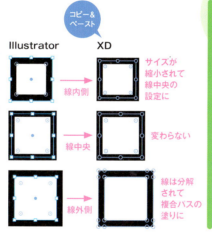

CHECK!
結果が変わる可能性も

ここではMacの場合ですが、Windowsの場合はすべて長方形ではなくなり、グループ化されたパスに変わります。線中央はパスの線となりますが不要なパスがついてきます。線内側と線外側は複合パスの塗りに変わります。結果は複雑でバージョンアップで変わる可能性もありますので、ペースト後に確認してください。

SVGデータを読み込む

Illustratorなどから書き出したSVG形式のファイルは、XDで開くことができます。既存のXDファイルにSVGデータを配置するには2つ方法があります。

❶ SVGファイルのアイコンをXDの画面にドラッグ&ドロップ
❷ ［ファイル］メニューから［読み込み］を選択しSVGファイルを指定

配置したSVGデータはリンクではなく、XD上で［ペン］ツールで編集できます。Illustratorでのアピアランスやパターンなどの効果はSVGに書き出すことができません。XDにコピー&ペーストしてもまともに描画されません。SVGにも、ぼかしやシャドウなどフィルターと呼ばれる効果があるのですが、XDではサポートされていないので、ペーストした時点で効果が消えるか、黒くなって表示がおかしくなります。そのままのデザインで利用したいならビットマップ画像に変換したものを用意するか、XDでつくり直す必要があります。

Lesson 05 テキストや画像の扱い

lesson 05 — 練習問題

 Lesson 05 ▶ 5-Q1.xd、flower.jpg

[テキストツール] で作成した文字をアウトライン化して、
画像を読み込ませて、
文字で写真を切り抜きした画像にしましょう。

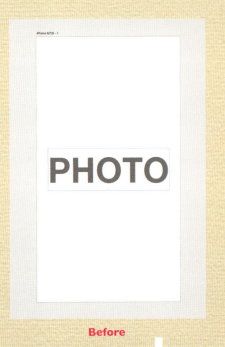
Before

After

❶ [テキストツール] でできるだけ大きく、太いフォントで「PHOTO」と入力します。ここでは [フォント] は Helvetica、[フォントスタイル] は Bold、[フォントサイズ] は 90 にしています。同じフォントがない場合は、システムにある任意のフォントを利用してください。

❷ [オブジェクト] メニューから [パス] → [パスに変換] を選択し、フォントからパスデータに変換します。
❸ 変換したパス内に、画像データ (flower.jpg) のファイルアイコンをドラッグします。画像が読み込まれて文字の形に切り抜かれます。

リピートグリッドの利用

An easy-to-understand guide to Adobe XD

Lesson 06

XDにはパターン化したコンテンツをレイアウトするリピートグリッドという機能があります。この機能は非常に便利で、Webサイトやアプリをデザインする上で欠かせないといえますので、その特性を理解して使い方をマスターしましょう。

Lesson 06 リピートグリッドの利用

6-1 繰り返しの要素をつくる

XDのもっとも特徴的な機能といえるのがリピートグリッドです。
Webデザインにおいて頻繁に登場する要素の繰り返しを、
簡単にレイアウトすることができます。

リピートグリッドの作成

 Lesson06 ▶ 6-1.xd

Webデザインにおいてはタイトルや抜粋文、日付や画像、記事の一覧やメニューのような同じデザインでの要素の繰り返しが頻繁に登場します。このような繰り返す要素やリストなどを簡単に作成することのできる機能がリピートグリッドです。リピートグリッドで繰り返せるのは、オブジェクトだけでなくテキストも含まれ、複数の要素をグループ化してリピートさせることもできるので、レイアウト作業の大きな効率化になります。

1 繰り返すオブジェクトを用意しましょう。ここでは[長方形]ツールで正方形を作成し、[選択範囲]ツールで選択して、プロパティインスペクターの[リピートグリッド]をクリックします。

2 リピートグリッド化されたコンテンツは全体が緑色の破線で囲まれ、右辺と下辺には楕円形のハンドルが表示されます。プロパティインスペクターのボタンは[グリッドグループを解除]になります。

3 右辺のハンドルをドラッグしてみましょう。広げていくと、自動的にマージン(余白)を取りながら同じ正方形オブジェクトが右側に繰り返して挿入されていきます。

4 下辺にあるハンドルをドラッグして伸ばすと、今度は下側に繰り返し要素を並べてくれます。

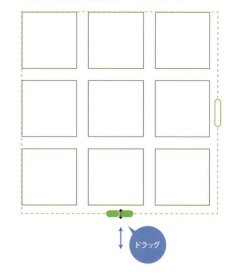

086

リピートグリッドのマージンの調整

リピートグリッドで繰り返しコンテンツ同士のマージンを変更できます。
横方向・縦方向ごとに指定ができますが、ひとつひとつのコンテンツのマージンを個別に指定することはできません。
横方向なら横方向に並ぶすべてのマージンがまとめて変更されます。

1. 左右のマージン、または上下のマージンの間にポインターを置くと、マージンを示すピンク色の帯が表示されます。

2. マウスボタンを押すと現在のマージンの数値が表示されます。

3. そのまま左右（上下）にドラッグすると、ピンク色のマージンの幅と数値が変化します。

4. マージンはマイナスにも設定でき、コンテンツが重なり合うように配置されます。

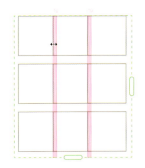

複数のコンテンツをリピートグリッド化する

リピートグリッドは単体のオブジェクトやテキストエリアを繰り返すだけでなく、複数をセットとして反復してくれます。
これにより、リスト化されたコンテンツや一定のパターンのある要素を効率よくレイアウトすることが可能です。

1. 正方形のオブジェクトと同じ幅のエリア内テキストを縦に並べて配置します。この2つを［選択範囲］ツールで選択して、プロパティインスペクターの［リピートグリッド］をクリックします。

2. 右方向、または下方向にハンドルをドラッグすると、元となるコンテンツのセットをリピートすることができます。

リピートグリッドの編集

オブジェクトを編集する

リピートグリッドにしたオブジェクトは、どれか1つを編集するとリピートされたオブジェクトもすべて同様に編集されます。

1 リピートグリッド化したコンテンツの一部をダブルクリックすると、個別のオブジェクトの編集モードに切り替わります。

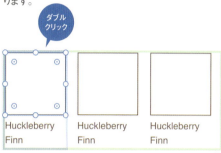

2 正方形オブジェクトの角丸を調整する二重丸のハンドルを目一杯内側にドラッグして円形にしてみましょう。リピートしていたほかの正方形も同様に編集が適用されて円形になります。

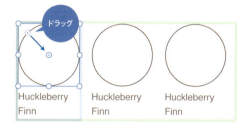

テキストを編集する

リピートグリッド内のテキストは個別に編集が可能です。

1 オブジェクト編集と同様に、テキストエリアをダブルクリックで選択します。テキスト編集の場合はさらにダブルクリックでテキスト編集モードにしましょう。

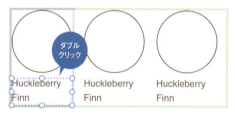

2 テキストを変更してみると、変更したエリア内のみが変わり、リピートされているほかのエリア内テキストは変更されません。

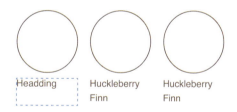

リピートグリッドの解除と編集時の注意点

リピートグリッドを解除するには、選択してプロパティインスペクターの［グリッドをグループ解除］のボタンをクリックします。リピートグリッドで増やしたコンテンツはそのまま残ります。編集したオブジェクトやテキストも、直前の形状と内容を維持したまま配置されます。なお、複数の要素をリピートグリッド化した場合は、解除後はセットにした要素がグループ化されています。

グリッドをグループ解除

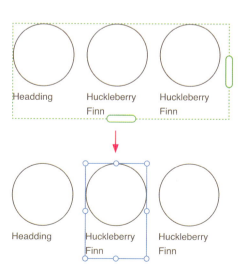

088

6-2 リピートグリッドへの データの流し込み

リピートグリッドで増やした要素に、画像やテキストを配置してみましょう。
複数の画像やテキストをまとめてドラッグ&ドロップで流し込むことができます。

画像をリピートグリッドに読み込む

 Lesson06 ▶ 6-2.xd、6-2.txt、6-2b.txt、images ▶ flower.jpg ほか

前節で作成していた円形オブジェクトとエリア内テキストのセットのリピートグリッドを活用します。
まず円形のオブジェクトに画像をまとめて配置してみましょう。基本はビットマップ画像の読み込み（5-4参照）と同じで、ドラッグ&ドロップの際に複数画像を選択するだけです。

1 対象のリピートグリッドは選択していても、していなくてもかまいません。ドラッグ時にカーソルを重ねた位置がアクティブになります。

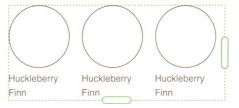

2 流し込みたいJPGやPNG形式の画像を複数枚用意します。複数の画像ファイルをまとめて選択して、どれかひとつの円形オブジェクトの上にドラッグ&ドロップします。

3 選択画像がまとめてリピートグリッドに読み込まれます。配置される順番は、画像のファイル名順にリピートグリッドの左上から右下へと割り当てられます。

> **画像ファイル名を順番にする** CHECK!
> 読み込む画像のファイル名は、リピートグリッドに配置する順番に「01xx」「02xx」「03xx」…のように頭に連番をつけておくようにしましょう。

テキストをリピートグリッドに読み込む

テキストもドラッグ&ドロップで読み込むことができます。テキストの読み込み（5-2参照）と同様に、プレーンテキストを用意しましょう。ただし複数のファイルに分ける必要はありません。
ドラッグ&ドロップでのテキストの流し込みは、改行されていると別の項目として処理されます。したがって1つのテキストファイルに、複数項目のテキストデータを改行で区切って用意すればよいのです。必要な数だけ改行したテキスト形式にしておけば、複数のテキストをリピートグリッドに一気に読み込ませることができます。

Lesson 06　リピートグリッドの利用

1 ここではテキストは3種類必要なので、3行にして入力しておきます。

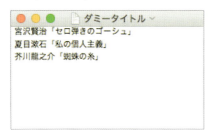

2 用意したテキストファイルのアイコンを、どれかひとつのエリア内テキストにドラッグすると、テキストが改行ごとに分かれて読み込まれます。

3 配置される順番は、テキストデータの行の並び順に、リピートグリッドの左上から右下へと割り当てられます。

何番目にドラッグしても同じ　CHECK!

リピートグリッド内に画像やテキストデータをドラッグする際、何番目のオブジェクト（テキストエリア）にドロップしても、画像ならファイル名の順、テキストなら行の順に、左上から右下へと割り当てられます。

リピートグリッドでのデータ配置の特徴

グリッドの数よりデータの数が少ないとき

表示されているグリッド数よりもデータが少ない場合は、自動的に同じデータを繰り返して挿入します。これは画像でもテキストでも同じです。

1 3つ表示されているリピートグリッドに2つの画像をドラッグしてみましょう。

2 1つ目と3つ目に同じ画像が入ります。

グリッドの数よりデータの数が多いとき

表示されているグリッド数よりもデータが多い場合でも、余ったデータは見えないだけで保持されています。

3 縦にリピートグリッドを広げて2行目を追加してみると、隠れていた4つ目の画像が表示され、5・6番目には1つ目と2つ目の要素が繰り返しで表示されます。

4 横幅を縮めて3列目を減らしてみると、1行目の3列目にあった要素は2行目へと自動的に送られます。表示される内容と順番はそのまま変わりません。

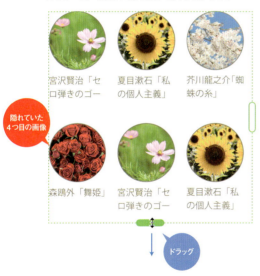

追加で画像を入れたい場合

リピートグリッドに画像を流し込んだあとに追加で画像を入れると、やり方により挙動が変化します。

1 画像を1枚だけ、1周目のリピートに入れた場合、リピートの一部を書き換えます。2周目以降も1周目のリピートになります。

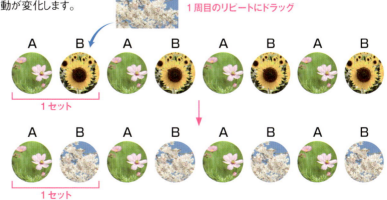

Lesson 06 リピートグリッドの利用

② 画像を1枚だけ、2周目以降に入れた場合、先頭から新たに入れた画像までが1つのリピートとなります。仮にそれまで2つの画像のリピートで、5つ目に新規の画像を入れた場合は、全体で5つの画像のリピートということになります。

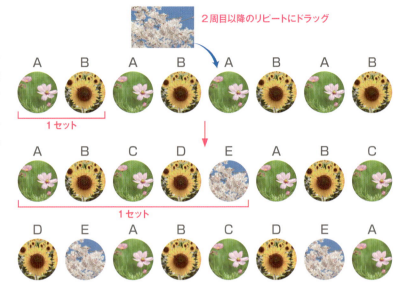

③ 画像を2枚以上入れた場合リピートそのものがすべて書き換えられます。

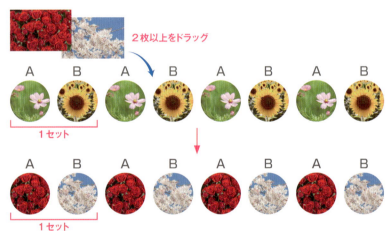

テキスト編集時の注意

テキストデータは流し込み後に編集することができますが、リピートグリッドの場合は内部で保持している「繰り返し要素としてのデータ」を編集することになります。1つ変更すると同じテキストが繰り返されている別の箇所も変更されることになるので注意しましょう。

① 4つの画像と4つのテキストを流し込んだリピートグリッドがあります。プレーンテキストから流し込んだエリア内テキストのうち、1つ目の「宮沢賢治」のテキストを2回ダブルクリックして編集モードに入り、テキストを変更してみます。

② 編集した1つ目だけでなく、繰り返し要素として表示されている5つ目のテキストも同時に変更されます。

テキストの装飾の変更と一部の装飾

通常、[選択範囲]ツールでテキストエリアを選択、あるいは[テキスト]ツールで全文を選択してリピートグリッド内のテキストの色など装飾を変更すると、繰り返しのテキストはすべて変更されます。

しかし[テキスト]ツールで一部だけを選択している状態なら、リピートグリッド内のテキストは一部だけ文字スタイルを変えることができます。カラーやフォントサイズのほかにも、フォント、カーニング、下線、改行の指定などができます。空白文字を入れて選択しないなど、工夫すれば個別に装飾を変更できます。

リピートグリッドのデータの上書き

リピートグリッドに読み込んだ画像やテキストは、XDのファイル内にデータを保持しています。元データを編集したり移動したとしても影響を受けません。

逆に、画像を変更したいときやテキストを差し替えたいときは、新しいデータを読み込んで置き換える必要があります。

それには、新しい画像やテキストのファイルを選択して対象にドラッグ&ドロップするだけです。保持していたデータを上書きする形で、画像やテキストが差し代わります。再読み込みに制限はないので、何回置き換えてもかまいません。

Lesson 06　リピートグリッドの利用

lesson06 — 練習問題

 Lesson06 ▶ 6-Q1.xd

Q 図形にリピートグリッドを適用すると、パターンを制作できます。
2つの円形オブジェクトをもとに、図のようなドット柄をつくってみましょう。

Before　　　　　　　　　　　　After

A
① [楕円形] ツールでドラッグして [W] 4 [H] 4の円を描画し、[塗り] は黒 (#000000) [境界線] はなしにしておきます。
② ⌘＋Dキーで円を複製します。複製した円を上に10、右に10の間隔で斜めにレイアウトします。プロパティインスペクターの [X] [Y] 座標で、[X] に元から＋14、[Y] に元から−14の数値を指定して正確に配置します。
③ [選択範囲] ツールでドラッグして2つの円を選択し、[リピートグリッド] をクリックします。リピートグリッドを右・下へ拡大していきます。
④ リピートグリッドの間隔 (赤い帯) をドラッグで調整し、縦横ともに10に変更します。

Q このドットパターンは色を変えてLesson12でのサイト制作に利用します。
あらかじめ色をグレー (#E0E0E0) に変更しておきましょう。

Before　　　　　　　　　　　　After

① リピートグリッドのドットのどれかを [選択範囲] ツールでダブルクリックします。
② 繰り返しのユニットが選択されるので、Shift＋クリックでもう一方のドットを選択します。
③ プロパティインスペクターで [塗り] をクリックし、[Hex] の値を#E0E0E0に変更します。

094

共通パーツの管理

An easy-to-understand guide to Adobe XD

Lesson 07

XDにはアセットとCCライブラリという素材を共有、管理するための機能があります。Adobeのアカウントで自作した素材やほかのユーザーから提供された素材を利用できるため、例えばIllustratorで作成したアイコンをXDにリンクさせて常に最新版を管理するといったことが可能です。

Lesson 07　共通パーツの管理

7-1 アセットによるカラーの管理

アセットとは、テキストやオブジェクト、色などデザインを進める上で使用する素材のことを指します。XDのアセット機能は、
カラー・文字スタイル・シンボルの3つを登録・管理することができます。

アセットを登録する

Lesson07 ▶ 7-1.xd

アセットを登録するには、元となるオブジェクトやテキストが必要です。ここでは例として［長方形］ツールでシンプルな100px程度の正方形を描きます。［塗り］は［Hex］で赤（#FF0000）に指定し、［境界線］はチェックなしにします。
アセットの登録方法は簡単です。［選択範囲］ツールで登録対象を選択した状態で、［アセット］パネルにある［カラー］［文字スタイル］［シンボル］の右の［＋］マークをクリックするだけです。それぞれ［選択範囲からカラーを追加］［選択範囲から文字スタイルを追加］［選択範囲からシンボルを作成］となっています。選択対象がテキストでないと［文字スタイル］の［＋］はグレーになっています。

カラーの登録

カラーはその名の通り色を登録します。登録したい色が使用されているオブジェクト・テキストを選択した状態で、［アセット］パネルの［選択範囲からカラーを追加］をクリックします。すると［カラー］に色見本として#FF0000の赤い四角が表示されます。選択対象の色を登録しただけで、元になるオブジェクトに変化はありません。

カラーの適用

登録したカラーを適用してみましょう。対象はオブジェクトでもテキストでもかまいません。ここでは［テキスト］ツールでエリア内テキストを正方形の下に作成して文字を入力してみましょう。［選択範囲］ツールでこれを選択し、［アセット］パネルの［カラー］にある#FF0000の四角をクリックすると、テキストの［塗り］に同じ赤が適用されます。

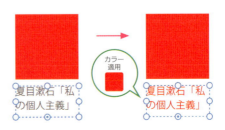

096

7-1 アセットによるカラーの管理

境界線へのカラーの適用

アセットでカラーをクリックすると［塗り］に適用されます。［境界線］にカラーを適用したい場合は、アセットのカラーを右クリックして［境界線に適用］を選択します。

カラーの編集

アセットに登録したカラーは編集できます。［カラー］にある色見本の四角を右クリックしてコンテキストメニューから［編集］を選択します。表示されるカラーピッカーで色を編集すると、同じ色が適用されているオブジェクトやテキストは自動的に編集された色に変更されます。

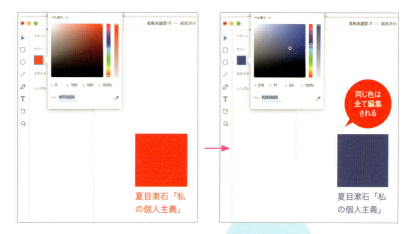

CHECK!

アセットからの適用でない同じ色も変更される

アセットに登録した色を変更すると、ファイル内の同じ色の部分はすべて変更されます。その色をアセットから適用したのではなくても変更されます。変更対象でない部分まで意図せずに変わる場合があるので注意しましょう。

グラデーションのアセット登録

グラデーションもアセットに登録することができます。

1 オブジェクトに線形または円形グラデーションを適用し、任意の色に設定しておきます。

2 ［アセット］パネルの［選択範囲からカラーを追加］❶をクリックすると、グラデーションのままカラーを登録することができます❷。

097

3 登録したグラデーションは通常のカラーと同様に編集が可能です。グラデーション見本の四角を右クリックしてコンテキストメニューから［編集］を選択します。表示されるカラーピッカーで上部に表示されるグラデーションバーで色、位置などが変更できます。クリックして色を追加することも可能です。

グラデーションの向きや位置は登録できない CHECK!

線形・円形ともに、グラデーションの設定時にオブジェクト上で指定したグラデーションの向きや位置は登録情報に含まれません。グラデーションはカラーピッカー上の色やポインター位置の情報のみ登録できます。

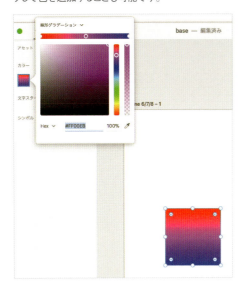

位置や角度は保存されない

COLUMN カラーのアセットと同じグラデーション内の色

登録したグラデーション内の指定カラーのひとつとアセットに登録したカラーが同じ色であっても、カラーのアセットで同時に編集することはできません。例えば赤（#FF0000）をアセットのカラーに登録し、グラデーション内に同じ#FF0000を指定したオブジェクトを用意してみましょう。単色のオブジェクトであればアセットの赤を編集すればほかの赤もすべて編集されますが、グラデーション内の赤は変化しません。

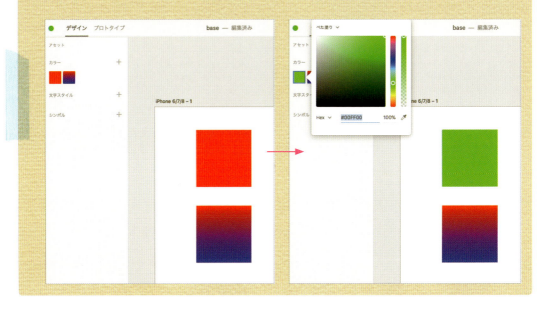

7-2 アセットによる文字スタイルの管理

文字スタイルはテキストのフォント・フォントサイズ・フォントスタイル、カーニング・行送り、色相・アルファなどの色設定をまとめて保存・管理する機能です。

文字スタイルを設定する

Lesson07 ▶ 7-2.xd、7-2.txt

本文や見出しなどに頻繁に利用する文字スタイルはアセットに登録しておくと、ワンクリックで適用できます。あとから設定を変えても、共通の文字スタイルの場所を一括で変更できるようになるので便利です。まず、文字スタイル登録のためのサンプルテキストを準備します。よくある記事のレイアウトで、見出しと本文の組み合わせを2セット用意しましょう。見出しはポイントテキストで入力し、本文はエリア内テキストで入力します。

1セット目の見出しと本文にそれぞれ目的にあった文字スタイルを設定します。見出しはフォントを「ヒラギノ角ゴシックProN」、フォントスタイルを「W6」、フォントサイズを「26」に指定します。本文は「ヒラギノ角ゴシックProN」、「W3」、「16」に設定します。システムに同じフォントがなければ、任意のフォントでかまいません。

文字スタイルの登録

アセットに文字スタイルを登録しましょう。元になるテキストは[選択範囲]ツールでテキスト全体を選択した状態でも、[テキスト]ツールでテキストの一部を選択した状態でも、どちらでもかまいません。

1 見出しのポイントテキストを選択して❶、[アセット]パネルの[選択範囲から文字スタイルを追加]をクリックします❷。[文字スタイル]に白地で「Hiragino Kaku Gothic ProN W6―26pt」という文字の見本が表示されます❸。

2 本文のエリア内テキストを選択して❶、[選択範囲から文字スタイルを追加]をクリックします❷。[文字スタイル]に「Hiragino Kaku Gothic ProN W3―16pt」の見本が追加されます❸。

CHECK! フォント名の表示

左側のパネルの幅が狭いとフォント名が「Hiragino Kak…」のように省略して表示されます。フォント名の最後まで確認して選択したい場合は、パネルの右端をつかんでドラッグするとパネルの幅を広げることができますが、最大値が決まっているのですべてを表示できないフォントもあります。

文字スタイルの適用

登録した文字スタイルを2セット目のテキストに適用してみましょう。

1 見出しにしたい2番目のポイントテキストを選択し❶、文字スタイルの「Hiragino Kaku Gothic ProN W6—26pt」をクリックします❷。見出しの文字スタイルが設定されます。

2 2番目の本文を選択し❶、「Hiragino Kaku Gothic ProN W3—16pt」をクリックします❷。本文の文字スタイルが設定されます。

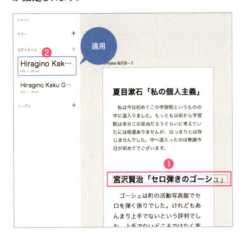

文字スタイルの編集

2つ目の見出しがアートボードからはみ出しているので、この文字数が収まるように文字スタイルを編集してみましょう。

1 [文字スタイル]に登録された「Hiragino Kaku Gothic ProN W6—26pt」を右クリックしてコンテキストメニューから[編集]を選択します。

2 フォントサイズを「21」まで落としてみます❶。すると同じ文字スタイルが適用されたテキストが自動的に変更されます❷。

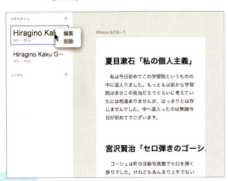

> **CHECK！ アセットから適用でない文字も変更される**
>
> アセットに登録した文字スタイルを変更すると、ファイル内の同じ文字スタイルの部分はすべて変更されます。その文字スタイルをアセットから適用したのではなくても変更されます。対象でない部分まで意図せずに変わる場合があるので注意しましょう。

このように見出し、本文、リンクなどよく利用する文字の設定は、アセットに登録しておくと、同じスタイルの場所を一度に変更できるので作業を効率化できます。

7-3 アセットによるシンボルの管理

アイコンやボタンなど、共通のデザインを作成して流用することの多いWebデザインでは、シンボルでの管理が大いに役立ちます。全体に共通化できるものはなるべくシンボル化してみましょう。

共通パーツをいくつでも複製できる

 Lesson07 ▶ 7-3.xd

シンボルは象徴という意味ですが、同じものを簡単につくれる母型、ハンコのようなものと考えるといいでしょう。ここでは長方形とテキストを組み合わせた基本的なボタンを作成します。

1 ［長方形］ツールで150×50の長方形を描画し、［塗り］を青（#005CB7）に設定します❶。その上に［テキスト］ツールでポイントテキストを作成して「MORE」と入力し、［フォントサイズ］は20、［塗り］を白（#FFFFFF）にします❷。

2 長方形とテキストをまとめて選択し、プロパティインスペクターの［整列］パネルから［中央揃え（水平方向）］❶と［中央揃え（垂直方向）］❷をクリックしてテキストを長方形の中央に配置します。

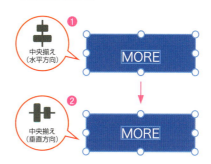

> **CHECK!** 重ね順を変える
> 作成順によってはテキストが長方形の後ろに隠れてしまいます。その場合はテキストを右クリックしてコンテキストメニューから［最前面へ］、あるいは長方形を右クリックして［最背面へ］を選択して重ね順を入れ替えます。

シンボルの登録

作成したボタンをシンボルとしてアセットへ登録しましょう。［選択範囲］ツールで登録したいオブジェクトやテキストなどすべてのパーツを選択します。パーツが多い場合は⌘＋Gキーでグループ化しておくとよいでしょう。

1 ［アセット］パネルにある［選択範囲からシンボルを作成］シンボルをクリックします❶。［シンボル］の下にボタンが表示されます❷。これで登録されました。

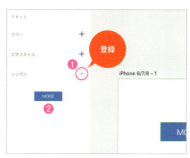

2 シンボル化されると、それまで変形用のハンドルのついた青いエリアで表示されていた対象が緑色の枠に変化します。

シンボルの配置

ほかのアセットとは違いシンボルの場合は「適用」という概念はありません。登録したシンボルを［アセット］パネルからアートボード内の任意の場所にドラッグすると、同じものが配置されます。配置されたシンボルはやはり緑色の枠で表示されます。

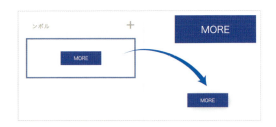

シンボルの編集

シンボルの編集をするときは、テキストとオブジェクトで挙動が異なるので注意しましょう。

テキストの編集

シンボルのテキストは個別にデータを保持しており、同じシンボルを複数配置して、1つを編集してもほかのシンボルには影響を与えません。シンボル内のテキスト編集するには、［範囲選択］ツールでシンボルをダブルクリックすると編集モードになり、さらにポイントテキスト・エリア内テキストをダブルクリックするとテキスト編集モードになります。同じシンボルすべてにテキストの変更を適用する場合、右クリックから［すべてのシンボルを更新］を選択します。

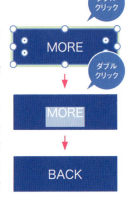

CHECK!

シンボルへのテキストの読み込み

シンボルのテキストもドラッグ＆ドロップで差し替えることができます。ただし、シンボルをリピートグリッド化した場合は、通常のリピートグリッドのように複数のテキストを一度に読み込むことはできず、ひとつずつ差し替えることになります。

オブジェクトの編集

シンボル内のオブジェクトの編集は、グループ化されたオブジェクトと同じで、編集したいオブジェクト部分をダブルクリックすれば編集できます。

1 長方形の角丸のハンドル（二重円）をドラッグしてみましょう。ほかに配置されていた複数のシンボルのオブジェクトも自動的に変更されます。

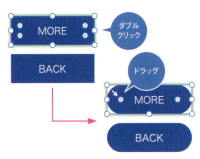

2 カラーも変更してみましょう。プロパティインスペクターの［塗り］をクリックしてカラーピッカーから赤（#B70000）にします。するとほかに配置されていたシンボルのオブジェクトも赤になります。

COLUMN

個別のシンボルの変更

このようにシンボルのオブジェクトは共通データとして扱われ、塗りや線などのアピアランス、アンカーポイントやサイズなど形の指定を含め、シンボル化されたオブジェクトをどれかひとつ編集すると、すべてまとめて変更されます。シンボルを選択してプロパティインスペクターを見ると、位置を決める整列ボタンと［X］［Y］の座標以外では、［回転］の数値と［アピアランス］しかないので、個別には角度と不透明度しか変更できないことになります。したがって、同じデザインでもサイズ違いや色違いのシンボルは新規で作成して、別個にシンボルとして登録する必要があります。

7-4 アセットを組み合わせた管理

アセットはカラー・文字スタイル・シンボルの3つが登録できますが、
それぞれを個別に管理するだけでなく、
カラーとシンボルについては連携して管理することもできます。

複数のアセットを管理する

 Lesson07 ▶ 7-4.xd

前節で作成・編集したシンボルのボタンを活用して、連携したアセット管理をしてみましょう。

1 シンボルにしたボタンの角丸長方形オブジェクト部分を［選択範囲］ツールでダブルクリックして選択します❶。［アセット］パネルの［選択範囲からカラーを追加］をクリックすると❷、角丸長方形の赤（#B70000）がカラーとしてアセットに登録されます❸。

2 シンボルのテキスト部分をダブルクリックして選択し❶、［選択範囲から文字スタイルを追加］をクリックすると❷、［文字スタイル］に設定（フォント・フォントスタイル・サイズ・文字色など）が登録されます❸。

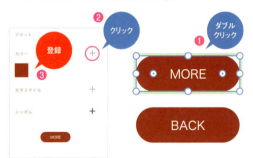

3 テキストを選択したまま［選択範囲からカラーを追加］をクリックすると❶［カラー］にもアセットとして登録されます❷。文字の塗りが白なら、白（#FFFFFF）が追加されます。

これで［カラー］には白と赤、［文字スタイル］にはボタンのテキスト設定、［シンボル］にはボタン全体が登録されました。

CHECK! 複数のカラーを一度に登録する

複数のオブジェクトやシンボルを選択した状態で［選択範囲からカラーを追加］をクリックすると、選択中のオブジェクトに使用されている塗りや境界線などすべての色が一度にまとめて登録されます。

103

カラーアセットの編集と影響範囲

アセットの［カラー］を変更すると［シンボル］のアセットにある同じ色も変更されます。
その色がテキストで使われている場合、テキストカラーも変更されます。
しかし［文字スタイル］に登録されている情報に含まれる文字色は影響を受けません。

1 ［アセット］パネルの［カラー］にある赤（#B70000）の四角を右クリックして表示されるメニューから［編集］を選択し、カラーピッカーで緑（#00B763）に変更してみましょう❶。シンボルを確認すると角丸長方形も緑に変わっています❷。

2 同じく［カラー］の白（#FFFFFF）の四角を右クリックして［編集］を選択し、カラーピッカーで黒（#000000）に変更します❶。シンボル内のテキストも黒になります❷。同時にアートボードの塗りも黒になります❸。

3 ［文字スタイル］に登録している「Hiragino Kaku Gothic ProN W3―20pt」を確認すると、文字色は白のままです。

4 シンボルのテキスト部分をダブルクリックで選択し、［文字スタイル］から「Hiragino Kaku Gothic ProN W3―20pt」をクリックして適用すると、再び白の文字色に戻ります。

CHECK!

文字スタイルの色を編集するには

［文字スタイル］に登録した文字色を変更したい場合は、右クリックして［編集］を選択します（7-2参照）。

COLUMN

カラーアセットの利用上の注意

アセットのカラーを白から黒に変更した際に、アートボードも黒になります。アートボードを選択してみると、［アピアランス］の［塗り］が黒になっています。アセットは登録したカラーを編集すると、アセットから適用したもの以外であっても、ワークスペース内にある同じ色はすべて自動的に変更してしまいます。ですから、白や黒などの普遍的に多用するカラーをアセットに登録するのは避けるようにしましょう。

7-5 CCライブラリによる素材の共有

XDではPhotoshopやIllustratorなどほかのAdobe Creative Cloud（CC）アプリケーションから共有されたカラーなどの素材を利用することが可能です。その機能がCreative Cloudライブラリです。

ライブラリを共有する

Lesson07 ▶ 7-5.ai、7-5.xd

Adobe社が提供するCreative Cloudライブラリ（以下CCライブラリ）はデータをクラウドで共有・管理するためのサービスです。ほかのAdobe CCアプリケーションと素材（アセット）を共有し、効率よく連携して制作を進められます。

また、ほかのユーザーがつくって公開しているライブラリを利用することもできます。チームで制作を進める際に、同じ素材をそれぞれつくる無駄を省き、最新版を常に共有できるのでデータの一貫性を保つことができます。

試しにほかのユーザーから共有されているライブラリを利用してみましょう。本書でサンプルの共有ライブラリを用意していますので、自分のXDに読み込んでみてください。Adobe IDでログインした状態で❶、ブラウザで以下の共有URLを入力します。「book sample」という共有ライブラリのページが表示されたら、右上の［保存］をクリックすると❷、手元のPCで利用することができます。

本書のサンプルデータ共有用ライブラリ

https://adobe.ly/2DO9eZ3

CHECK!

CCライブラリの利用には、Adobeのアカウントにログインする必要があります。ログイン画面が表示されたら（すでにログインしている場合は省略されます）自分のAdobe IDとパスワードを入力してログインするとライブラリの画面が表示されます。

Creative Cloudライブラリパネルを開く

XDの［ファイル］メニューから［CCライブラリを開く］（⌘＋Shift＋L）を実行します。初期状態では「マイライブラリ」という空のライブラリが開きます。ライブラリ名をクリックして、プルダウンメニューから先ほど保存した「book sample」を選択してください。同期が完了していれば、ライブラリの内容が表示されます。

105

Lesson 07　共通パーツの管理

ライブラリのアセットを使用する

文字スタイルの適用

レッスンファイルを開き、見出しのポイントテキストを選択して❶、CCライブラリの[文字スタイル]の「Hiragino Sans Pr6N W3 —24pt」をクリックします❷。[アセット]パネルの[文字スタイル]と同様に、登録されていたフォント・サイズ・文字色などの設定がテキストに適用されます❸。

カラーの適用

カラーも[アセット]パネルの[カラー]と同様に、オブジェクトとテキストのどちらでも適用することができます。

1 本文用のエリア内テキストを選択して❶、ライブラリの[カラー]から「main color」をクリックして適用します❷。

2 左の円形オブジェクトを選択して❶、ライブラリの[カラー]から「light color」をクリックして適用します❷。

グラフィックの適用

[グラフィック]はライブラリに登録された画像や、Illustratorなどで作成したSVGなどのベクターデータがリンクされています。CCライブラリパネルから直接アートボードまたは配置したいオブジェクトにドラッグすると、通常の画像の読み込みと同様にXD内に配置がされます。配置したグラフィックは拡大縮小、回転などが可能です。ベクターデータは、この状態のままではXD上で直接編集はできません。

7-5　CCライブラリによる素材の共有

1 左側のロゴ（SVGデータ）をアートボードにドラッグしてみましょう。ドロップした位置に配置されます。

2 配置した画像は、拡大縮小や回転ができます。

3 右側の円形オブジェクトに、ビットマップ画像をドラッグ&ドロップすると、オブジェクトいっぱいに中央合わせで配置されます。

リンク画像の編集とリンクの解除

配置されたグラフィックの左上にチェーンアイコンのリンクマークが表示されています。これはCCライブラリ内の画像ファイルとリンクしていることを表しています。リンクマークをクリックするとリンクを解除できます。元画像と同期して変更されたくない場合や、ベクターデータをXD上で直接編集したいときは、リンクを切って作業しましょう。

1 CCライブラリパネルのグラフィックを右クリックしてコンテキストメニューから［編集］を選びます。PhotoshopやIllustratorなど（ライブラリに登録したCCアプリケーション）でファイルが開きますので編集します。

2 リンクファイルを保存すると、リンク配置されたXD内の画像も自動的に更新されて新しいものになります。

リンク状態と編集の許可　CHECK!

ライブラリのリンク状態は、ライブラリの共有元（制作者）の追加オプションの設定（113ページ参照）によって変わります。本書のサンプル共有ライブラリは［「フォロー」を許可］と［「保存」を許可］の、どちらにもチェックして配布しています。

107

Lesson 07　共通パーツの管理

アセットの検索

[アセット] パネルの上部にある検索機能から、
アセットに登録されているさまざまな要素が検索できます。

- フォント名やフォントスタイル、フォントサイズなどの設定情報
- カラーの数値
- シンボルに設定されたグループ名

シンボルを名前で検索する

シンボルも使用しているグループ名を利用して検索することができるので、
手順を覚えておきましょう。

1. シンボルを新規で登録します。この時点では名前はついていないので、「シンボル1」など、シンボル作成時に自動で設定されたものでしか検索はできません。

2. [レイヤー] パネルを開いてシンボルのグループに名前をつけます。

3. 登録したグループ名でアセットパネルから検索ができるようになります。

CHECK!

配置されていないと検索できない

この検索はファイル上にシンボルが配置されている場合のみ有効で、シンボルに登録されていてもファイル上のどこにもシンボルが配置されていない場合、そのシンボルは検索できません。これを避けるため、シンボル類は共通パーツ用のアートボードなどに一覧で配置しておくと、デザインガイドラインとしても活用できてよいでしょう。

108

7-5 CCライブラリによる素材の共有

同じシンボルを同じ名前にする

アセットに登録したシンボルの名前を変更した場合、直接変更したその1つしか名前は登録されず、同じシンボルを複数配置していても、他のシンボルには反映されません。すると、検索してもすべてのシンボルを探すことができないので不便です。同じシンボルは同じシンボル名になるようにしましょう。

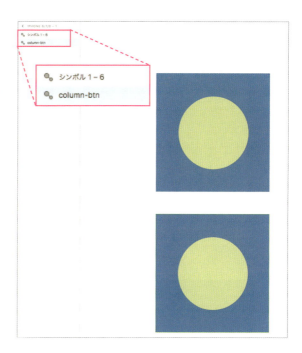

1 同じシンボルをすべて同じ名前にしたい場合は、シンボル化する前にまずオブジェクトなどをグループ化し、そのグループに名前をつけます。

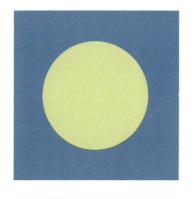

2 名前のついたグループをアセットからシンボルに登録すれば、その後そのシンボルはすべて同じ名前が適用されます。

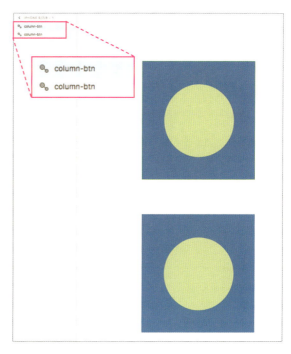

109

Lesson 07　共通パーツの管理

自作したアセットをCCライブラリで共有する

ほかのユーザーが作成したデータを、クラウドを経由して常に最新版で利用できるのがCCライブラリの特徴ですが、PhotoshopやIllustratorで自作した素材をXDで利用することもできます。

新規ライブラリの作成

カラーも［アセット］パネルの［カラー］と同様に、オブジェクトとテキストのどちらでも適用することができます。

1 CCライブラリのアセットはXDで作成・登録することができません。同じAdobe製のPhotoshopやIllustratorから素材を作成し、ライブラリに登録します。ライブラリの登録方法はどちらもほぼ同じで［ライブラリ］パネルでおこないます。

2 ライブラリを分けて管理したい場合は ▼ をクリックしてポップアップメニューから一番下の［新規ライブラリ］を選択します。名前をつけて新しいライブラリのセットを作成することができます。

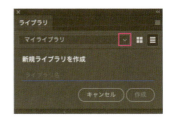

PhotoshopとIllustratorの違い

登録したいレイヤーを選択するか、［選択］ツールで画像や図形またはテキストを選択します。それを［ライブラリ］パネルにドラッグすると、［グラフィック］として登録されます。パネル左下にある［コンテンツを追加］の ＋ アイコンをクリックすると、選択中の対象に応じて登録できるアセットの種類が表示されます。ここで登録したい項目にチェックをつけて［追加］をクリックすると、その項目がライブラリに追加されます。グラフィック・カラー・文字スタイルなど、選択対象の持つ複数の属性をそれぞれアセットとして保存しておけます。

Photoshop

画像・シェイプ・テキスト　●グラフィック　●描画色
シェイプのみ　●カラー（塗り）　●カラー（線）
テキストのみ　●文字スタイル　●テキストカラー

CHECK!　描画色とカラー（塗り）

PhotoshopとIllustratorで項目名の表現に違いがありますが、描画色＝カラー（塗り）で同じです。これは選択対象の色ではなく、ツールバーの［描画色］または［塗り］の設定色のことです。

Illustrator

図形・テキスト ●グラフィック ●カラー（塗り）
テキストのみ ●テキスト ●文字スタイル
●段落スタイル ●テキストカラー（塗り）

CHECK! テキストと段落スタイルはXDで利用できない

XDで利用できるのはカラー（描画色）・文字スタイル・グラフィックの3つですので、Illustratorで登録できるテキスト・段落スタイルの2つはXDでは読み込むことはできません。

Illustratorでアセットを登録する

実際にIllustratorからアセットをライブラリに登録して、XDのCCライブラリからオブジェクトに適用してみましょう。

1 サンプルファイルを開くと、「Webdesign」というテキストとメニューボタン用のアイコンがあります。テキストには［文字スタイル］機能を利用して文字カラーと文字送り（トラッキング）、フォントサイズなどが設定されています。

COLUMN 文字スタイルの確認と編集

文字スタイルをカスタマイズしたい場合は、［ウィンドウ］メニューの［書式］→［文字スタイル］で［文字スタイル］パネルを開きます。ここでは［title］というスタイル名で登録していますので、ダブルクリックして［文字スタイルオプション］ダイアログボックスを開き、設定内容を確認・編集できます。

2 ［選択］ツールでテキストを選択して［ライブラリ］パネルの ［コンテンツを追加］（アイコン）をクリックします。追加するのは文字スタイルとテキストカラー以外は不要なのでチェックを外しておきましょう。

3 次にメニューアイコンを登録します。外側のオレンジの正方形と内側の線3本をすべて選択し、［コンテンツを追加］をクリックします。追加するのはグラフィックだけです。

4 登録されたアセットはカラー・文字スタイル・グラフィックの順に表示されます。マウスを項目の上に乗せるとアセット名が表示されます。アセット名は管理する上で重要な要素なので、名前の部分をダブルクリックしてわかりやすい名前に書き換えましょう。

XDでライブラリを読み込む

同じアカウントで作成したライブラリは共有設定をする必要がありません。アセットを作成した際のAdobeアカウントと同じアカウントでログインしたXDを起動し、CCライブラリのパネルを開けば自動的に読み込まれています。XDでCCライブラリパネルを確認してみましょう。登録されたアセットが表示されています。
ネット環境によりライブラリが更新がされていない場合は、ライブラリ名の右にあるCreative Cloudアイコンをクリックすれば更新されます。

アセットをCCライブラリで共有する

登録したライブラリを共有する

登録したライブラリを共有して、ほかのCCユーザーも利用できるようにしてみましょう。やはりXDでは設定できませんので、PhotoshopかIllustratorで操作します。ここではIllustratorで説明します。[ライブラリ]パネル右上の4本線のアイコンをクリックするとパネルメニューが表示されます。ここから2種類の共有方法が選べます。

- **共同利用：共有元のユーザーと別アカウントを持つユーザーが共同で利用、編集することができます。**
- **リンクを共有：共有元のユーザー以外は元データを変更することができない一方通行の共有です。**

[共同利用]は、限られたメンバーでアセットを共同で管理したい場合に利用します。メールアドレス（Adobe ID）で招待した人以外に見られることはなく、変更があれば共有元以外のメンバーでもデータに編集を加えて、いつでも最新版を共有することができます。一方の[リンクを共有]は基本的にリンクさえ知っていれば誰でもアクセスできます。自分の作ったアセットを不特定多数に公開して自由に使ってもらってもかまわないような場合に利用します。

7-5　CCライブラリによる素材の共有

［共同利用］で共有する

［共同利用］をクリックすると、
ブラウザで該当ライブラリのページが開きます。

1. ［共有者を招待］のポップアップが開いた状態になっているので、共有したいユーザーのメールアドレス（Adobe ID として登録されているもの）を入力し❶、［招待］をクリックすると❷相手に通知メールが送信されます。

2. メールを受け取った相手は、共有リンクをクリックすることで、このライブラリにアクセスして利用できるようになります。

> **CHECK!**
>
> ### 編集権限を変更する
>
> 共同利用の初期設定では［編集可能］になっていますが、［閲覧のみ］に変更することもできます。
> - 編集可能：共有者がライブラリの中のコンテンツを移動・削除・編集することができます。
> - 閲覧のみ：共有者にはライブラリの編集権限がなく、個人用にコピーしたり、コピーしたものを編集して利用することができます。
>
>

［リンクを共有］で共有する

［リンクを共有］をクリックすると、
やはりブラウザで該当ライブラリのページが開きます。

1. ［リンクを送信］のポップアップが開いた状態になっています。ライブラリは初期設定で［非公開］になっています。

2. 左のトグルスイッチをクリックしてオンにすると❶［公開］に変わります。［リンクをコピーして共有］にURLが表示されます❷。

3. ［追加オプション］で共有の方法をそれぞれチェックして選びます❸。
    - 「フォロー」を許可：共有者はライブラリ内のアセットを利用できますが編集することはできません。あなたがライブラリをアップデートしたら、その最新版を使うことができます。
    - 「保存」を許可：共有者はライブラリのコピーを手元に保存して編集できるようになります。あなたがライブラリをアップデートしても、コピー保存されたデータには反映されません。

4. 設定を［保存］で確定します❹。ほかの利用者へメールやメッセージなどで❷のURLをコピーしたものを送信して共有します。

> **CHECK!**
>
> ### 共有するライブラリを分ける
>
> ライブラリを共有する場合は「マイライブラリ」ではなく、公開用に新しいライブラリを作成してそれを共有するようにしましょう（110ページ参照）。

113

Lesson 07　共通パーツの管理

lesson 07 — 練習問題

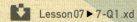　Lesson07 ▶ 7-Q1.xd

CCライブラリのベクターグラフィックから、[アセット] パネルにカラーを登録して、同じカラーを適用して図のような「XD DESIGN」というボタンをつくります。そのボタンをシンボルとして登録しましょう。

Before

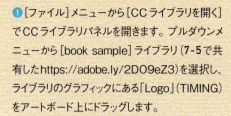

After

❶ [ファイル]メニューから[CCライブラリを開く]でCCライブラリパネルを開きます。プルダウンメニューから[book sample]ライブラリ（7-5で共有したhttps://adobe.ly/2DO9eZ3）を選択し、ライブラリのグラフィックにある「Logo」（TIMING）をアートボード上にドラッグします。

❷ CCライブラリから配置したベクターデータからはカラーをそのままアセットに登録できるので、「TIMING」ロゴを選択して、[アセット] パネルの[カラー] の [＋] アイコン[選択範囲からカラーを追加]をクリックしてカラーを登録します。

❸ [長方形] ツールで[H] 40 [W] 140の長方形オブジェクトを描きます。先ほど[アセット] パネルに登録したカラーをクリックして[塗り]に適用します。

❹ 長方形の上に[テキスト] ツールで「XD DESIGN」とポイントテキストで入力します。[フォント] はHelvetica、[フォントスタイル] はBold、[フォントサイズ] は20で、[塗り] は白（#FFFFFF）にします。同じフォントがない場合は、システムにある任意のフォントを利用してください。

❺ 長方形とテキストを両方選択した状態で、[中央揃え]（垂直方向）と[中央揃え]（水平方向）のボタンをクリックして揃えます。続いて[アセット] パネルの[シンボル] の [＋] アイコン[選択範囲からシンボルを作成]をクリックしてシンボルに登録します。

グリッド設定と
画像書き出し

An easy-to-understand guide to Adobe XD

Lesson 08

XDにはレイアウトをサポートするグリッド表示機能があり、使いこなせば作業を正確、かつスピーディにできます。また、完成したレイアウトデザインからグラフィックを素材として書き出せます。対応デバイスに応じて複数の解像度のPNGファイルを出力してくれ、ベクターデータはSVGやPDFでの書き出しも可能です。

Lesson 08　グリッド設定と画像書き出し

グリッドを表示する

現在のWebデザインではグリッドを活用し、
デバイスごとの分割ルールを定めておこなうのが一般的です。
XDでは、レイアウトグリッドと方眼グリッドの2種類が設定できます。

カラムに便利なレイアウトグリッドの設定

アートボードを選択するとプロパティインスペクターに［グリッド］という項目が表示されます。グリッドとは、レイアウトを一定のルールにそって正確におこなうための分割の基準線です。初期設定となっている［レイアウト］グリッドはWebデザインで用いられる縦割りのレイアウト基準線のことです。リキッドデザインを含む、現在主流となっているレスポンシブウェブデザインで利用されることも多いので活用しましょう。

Webデザインでは縦に要素を区切って、メインコンテンツやサブコンテンツ、サイドバーなどで表示グループを分けることがあります。この縦割りグループを「カラム」(column)と呼びます。レイアウトグリッドの列はこのカラムを含めた縦割りの基準を何本にするかを指定します。

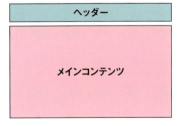

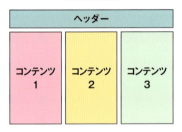

列の設定を変更する

［グリッドを表示／非表示］にチェックすると、グリッドの設定が表示されます。レイアウトグリッドでは［列］（Windowsは［縦列］）［段間隔］［列の幅］［マージン］の4つでグリッドを設定します。列とは上で説明したカラムを考える際の基準となる、画面上を縦割りした段組のブロックのことです。

アートボードのサイズは一定ですので、それぞれの数値は影響して自動調整されます。どれかひとつの数値を大きくすると自動でほかの数値が変更されるので注意しましょう。

116

8-1　グリッドを表示する

1　「iPhone6/7/8」の初期設定では［列］の数値は4になっています。試しに8に変えてみましょう。

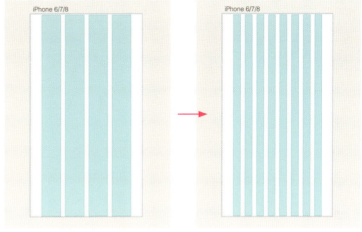

列が4の例（初期設定）　　　列が8の例（初期設定）

2　グリッドの色は［レイアウトグリッド列のカラー］のアイコンをクリックするとカラーピッカーが出てくるので、好みに応じて使いやすい色に変更することができます。初期設定では#00FFFF、アルファ25％になっています。

段間隔の設定

［段間隔］は列と列の間隔の数値になります。レイアウトした際の見た目や操作に大きく影響するので、最低でも10px以上にして、ある程度余裕を持たせた設定をしましょう。

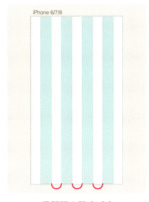

段間隔の設定 30

列の幅の設定

列自体の幅を指定します。［列の幅］は個別には指定できないので、数値を上げればすべての列が太くなり、数値を下げればすべての列が細くなります。

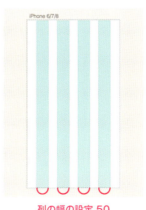

列の幅の設定 50

マージンの設定

複数の列全体とアートボードの端との距離を指定します。マージンの指定には2つの方法があり、縦ストライプのアイコンは［リンクされた左右のマージン］、二重四角のアイコンは［各辺に異なるマージンを使用］です。

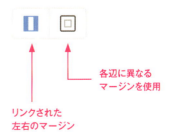

各辺に異なるマージンを使用

リンクされた左右のマージン

① ［リンクされた左右のマージン］では、アートボードの左右の端から、列全体までの距離を指定します。設定できる数値はひとつで、その数値が左右のマージンとして適用されます。

② ［各辺に異なるマージンを使用］は、天地左右（レイアウトでは上を天、下を地と呼びます）のマージンを自由に設定することができます。時計回りに［天］［右］［地］［左］の順でマージンの各数値を指定します。選択して編集状態にすると［各辺に異なるマージンを使用］アイコンの対応した箇所が青くなります。

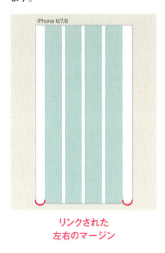

リンクされた
左右のマージン

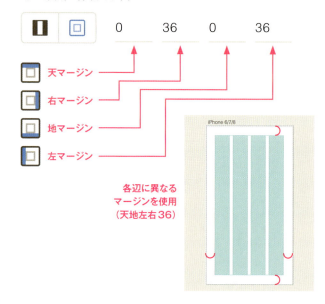

各辺に異なる
マージンを使用
（天地左右36）

方眼グリッドを利用する

方眼グリッドは、ピクセル単位の正方形を表示するグリッドです。レイアウトグリッドのように左右方向だけの分割ではなく、上下に分ける際のガイドも表示されるので、アイコンやボタンなどのアイテムや、各コンテンツ間のマージンを測るのに便利です。方眼グリッドを使う場合は、コンテンツの間隔も方眼に沿う形で制作するときれいに整えやすくなります。

方眼グリッドの設定

方眼グリッドを使うには［グリッドの種類］のポップアップメニューから［方眼］を選択します❶。設定は［方眼の大きさ］❷のみで、数値の間隔で方眼が表示されます。アートボードの左上が基点で、アートボードが割り切れないサイズだと右辺と下辺の方眼が切られます。

初期設定は8ですが、これはブラウザの標準テキストサイズの16pxに対応した形で制作することを考慮して、8の倍数で組むことでリズムがつくられるためと考えられます。フォントサイズなどの設計に合わせて好みの数値を設定してみるとよいでしょう。

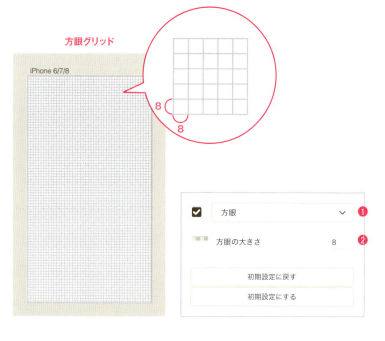

方眼グリッド

118

初期設定に戻す・初期設定にする

レイアウトグリッド、方眼グリッドともに、[初期設定に戻す][初期設定にする]のボタンが用意されています。[初期設定にする]ボタンは、いまのグリッド設定を普段使う初期設定としてXDに記憶させます。[初期設定に戻す]ボタンは変更した数値をリセットしてその初期設定に戻します。

グリッドへのスナップ

レイアウトグリッドや方眼グリッドを表示していると、[ペン]ツールや[長方形]ツールなどの各描画ツールを使用した際にアンカーポイントがスナップ（吸着）されて成形を補助してくれます。
例えば[長方形]ツールでグリッド付近からドラッグをはじめてみましょう。多少グリッドからずれていても、自動的に吸着されてグリッドの数値に合わせた形で描画されます。グリッドを非表示にするとスナップされません。

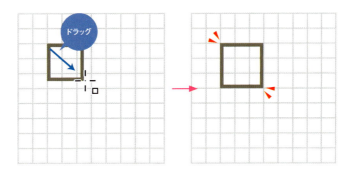

レイアウトグリッドの設定をカスタマイズする

この図の例では、レイアウトグリッドを選択して、[列]の数を4、[列間隔]を10のまま、[リンクされた左右のマージン]を使用して、左右のマージンを20にしています。列はデザインによって設計が変わりますが、操作性を考慮して余裕のあるマージンを取るのが理想的です。

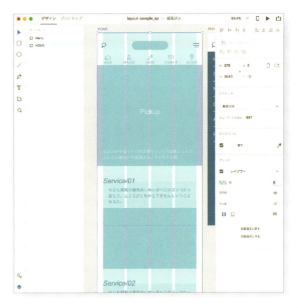

Lesson 08 グリッド設定と画像書き出し

8-2 画像の書き出し

XDで作成したアイコンや配置した画像などの素材は、
PNG、SVG、PDF、JPGの形式で書き出すことができます。

XDから画像を書き出す

 Lesson08 ▶ 8-2.xd

XDはUIデザインとプロトタイピングのツールですが、説明してきたように基本的なグラフィックの作成・編集機能を備えています。シンプルなサイトであれば完成に近い状態までつくり込むことができるでしょう。そこで、XDに配置したグラフィックやテキストを単体で、あるいはグループ化して、またはアートボード単位で画像として書き出す機能があります。これによってXDで加工したグラフィックを最終的なWeb素材として利用したり、PhotoshopやIllustratorなどの高機能なグラフィックツールに移して加工していくこともできます。

画像書き出しの方法

XDからの画像書き出し方法は、書き出し対象の選び方で3つあります。

1. バッチ書き出し
2. 選択した項目の書き出し
3. すべてのアートボードを書き出し

1と2は書き出す対象を指定し、3はアートボード単位ですべてのアートボードを書き出すときに使用します。
書き出しのコマンドは次のいずれかの方法で実行できます。

- [ファイル]メニューの[書き出し]にある[バッチ][選択済み][すべてのアートボード]の3つから選択
- [レイヤー]パネルでレイヤー(アートボード・オブジェクト・テキスト・グループなど)を右クリックしてコンテキストメニューから[バッチを書き出し]か[選択した項目を書き出し]を選択

前者と後者でメニュー名が異なりますが、[バッチ]と[バッチを書き出し]、[選択済み]と[選択した項目を書き出し]は同じコマンドです。後者には[すべてのアートボード]のメニューはありません。

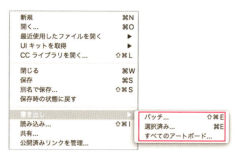

バッチ書き出し

バッチとは、書き出したいオブジェクトやテキスト、アイコンなどをあらかじめ選択しておく機能です。
バッチ書き出しマークのついた対象をまとめて書き出すことができます。

バッチ書き出しマークを追加する

[レイヤー]パネルから、任意のレイヤー(アートボード・オブジェクト・テキスト・グループ)にポインターを重ねると[バッチ書き出しマーク]が表示されます。これをクリックするとバッチ書き出し対象に追加されます。右クリックしてコンテキストメニューから[バッチ書き出しマークを追加]を選択しても同じです。

[`⤴`] バッチ書き出しマーク

バッチをつけた画像の書き出し

バッチ書き出しマークを追加した対象を書き出します。マークがついたものがすべて書き出されます。書き出しの段階で選ぶことはできません。

1 [ファイル]メニューから[書き出し]→[バッチ]を選ぶか、[レイヤー]パネルで任意のレイヤーを右クリックして[バッチを書き出し]を選択すると(⌘+Shift+E)、書き出し(Windowsは[アセットを書き出し])ウィンドウが表示されます。

2 [フォーマット](Windowsは[形式])から書き出したい画像形式を選択します。PNG、SVG、PDF、JPGを選ぶことができ、選択した形式により出力オプションが変化します。

PNGでの保存オプション

PNGを選んだ場合、[書き出し先](Windowsは[書き出し設定])と
[設定サイズ]という2つのオプションが表示されます。

[書き出し先]([書き出し設定])

書き出し対象のプラットフォームを、デザイン・Web・iOS・Androidの4つから選択します。下に「選択したアセットの書き出し倍率：1xおよび2x」のように表示されます。XDのPNG書き出しは、選んだプラットフォームに応じて複数の解像度でつくった複数の画像を一度に書き出すようになっています。

- デザイン　1x：等倍の画像を1枚出力
- Web　1x、2x：等倍と2倍の解像度の、2枚の画像を出力
- iOS　1x、2x、3x：等倍と2倍と3倍の解像度の、3枚の画像を出力
- Android　ldpi、mdpi、hdpi、xhdpi、xxhdpi、xxxhdpi：75～400%の解像度の、6枚の画像を出力

XDでつくっている解像度で画像を出力したいなら[デザイン]を選択します。それ以外を選ぶと、同じ画像が複数の解像度でファイルに出力されます。[Web]と[iOS]の場合はファイル名に「sample.png」「sample@2x.png」「sample@3x.png」のように出力倍率が追加され、[Android]の場合は6つのフォルダーに分かれ「drawable-hdpi/sample.png」のように複数ファイルが出力されます。

[設定サイズ]

意味がわかりにくいですが、ここは「いまつくっている作業スペース(アートボード)のサイズはどの倍率のものか」を指定します。プラットフォームごとに複数の倍率がありますが、例えば100×100のオブジェクトを選び[書き出し先]を[Web]にした場合で説明しましょう。この場合、等倍と2倍の2枚の画像が出力されます。現在のアートボードが100%で制作しているのであれば、[設定サイズ]で1倍(1x)を選択します。すると100×100(1x)と200×200(2x)が書き出されます。現在のアートボードが2倍の解像度で制作しているのであれば、2倍(2x)を選択します。すると「現在のサイズは2倍」(1倍のサイズは半分)という意味で、50×50(1x)と100×100(2x)で書き出されます。

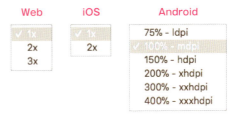

書き出しの解像度の意味

Web

Webサイト用の画像は、基本的には2種類のみで対応されることが多く、1x（等倍）と2x（2倍）が推奨されます。これはApple製品のMacなどに搭載されたRetinaディスプレイの影響が大きく、Retinaディスプレイは2倍の解像度が表示できるようになっているためです。XDではこの1xと2xが自動で書き出されるように設定されています。

iOS

iOS、つまりiPhoneやiPadなどで利用される画面サイズはiPad Pro（12.9インチ）、iPhone X（5.8インチ）、iPhone 8 Plus（5.5インチ）、iPhone 8（4.7インチ）など比較的種類がありますが、その解像度は1x（等倍）、2x（2倍）、3x（3倍）の3種類がベースになっています。そのため、XDでも1x、2x、3xの3つが書き出されます。

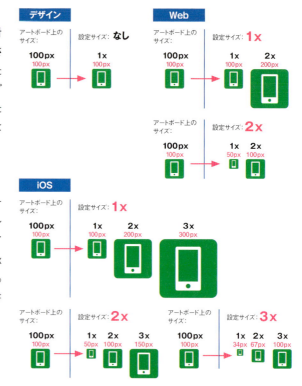

Android

Androidは非常に多くのデバイス（搭載機器）が存在します。その画面サイズも一律ではなく、2万種を超えるデバイスがそれぞれのサイズや解像度を、それぞれの比率で表示しています。そこで、Androidでは汎用的なサイズと解像度で画像を書き出し、個々の画面サイズに適応できるように対応が求められます。具体的には、Androidのガイドライン（https://developer.android.com/guide/practices/screens_support.html?hl=ja）に次の「6つの汎用密度のセット」の基準が設けられています。

- ldpi（〜120dpi）
- mdpi（〜160dpi）
- hdpi（〜240dpi）
- xhdpi（〜320dpi）
- xxhdpi（〜480dpi）
- xxxdpi（〜640dpi）

XDではこれらに準じて次の6つの解像度で書き出されるようになっています（[設定サイズ：100% - mdpi]で書き出した場合）。

- ldpi（75dpi）
- xhdpi（200dpi）
- mdpi（100dpi）
- xxhdpi（300dpi）
- hdpi（150dpi）
- xxxdpi（400dpi）

実際のWebデザインなどでは6種類すべてを用意して実装することは少ないかもしれませんが、知識として理解しておきましょう。

SVGでの保存オプション

SVGを選んだ場合、[ペン]ツールなどで描いた図形やパスはベクターデータとして保存されます。SVGはブラウザで表示させたり、Illustratorで開いて編集することができます。

書き出し対象にビットマップ画像が配置されている場合、[画像を保存]オプションで[埋め込み]か[リンク]を選択します。リンクにした場合は元画像ファイルを忘れないように添付しましょう。[ファイルサイズを最適化（縮小）]（Windowsは[最適化済（縮小化済）]）にチェックすると、SVGを最適化してファイル容量を減らします。ただし、ビットマップ画像は埋め込み時点で最適化されているようですのであまり容量に影響がありません。

PDFでの保存オプション

PDFを選んだ場合、誰でも見てもらいやすいPDF形式で書き出されます。複数の書き出し対象を選んでいると[選択したアセットの保存形式]オプションで[単独のPDFファイル]（Windowsは[単一のPDFファイル]）にするか[複数のPDFファイル]にするかを選択できます。

JPGでの保存オプション

JPGを選択した場合、画質の設定が20・40・60・80・100%から選べます。画質とファイル容量のバランスを考えて選びます。[書き出し先]（Windowsは[書き出し設定]）と[設定サイズ]のオプション設定はPNGの場合と同じです。

Lesson 08　グリッド設定と画像書き出し

保存先のフォルダーを選ぶ

ファイル形式ごとのオプションを設定したら、[場所]のプルダウンメニューから（Windowsは[書き出し先]から）保存先のフォルダーを指定して❶、[書き出し]ボタンをクリックすると❷画像が書き出されます。

選択した項目の書き出し

[選択済み]（[選択した項目の書き出し]）は必要な対象だけを選んで書き出すことができます。対象となるのはオブジェクト・テキストの単体だけでなく、アートボード・グループも含みます。ペーストボード上にあるものでも、選択できるものはどれでも書き出すことができます。

1 書き出し対象をクリックで選択します❶。[レイヤー]パネルで選択したい対象の名前をクリックしてもかまいません❷。

2 複数の書き出し対象を選択することが可能です。[選択範囲]ツールで Shift キーを押しながらクリックするか、ドラッグして複数選択します。

CHECK!

グループ内の単体を選択するには

グループ内の単体は[選択範囲]ツールより[レイヤー]パネルでグループを展開して選択したほうが簡単でしょう。

3 [ファイル]メニューの[書き出し]→[選択済み]を選ぶか、[レイヤー]パネルで選択対象を右クリックして[選択した項目の書き出し]を選びます（⌘+E）。

4 バッチ書き出しの際と同じ書き出し（Windowsは[アセットを書き出し]）ウィンドウが表示されます。設定はすべてバッチ書き出しと同様ですので、形式や適切なオプションを選んで[書き出し]ボタンをクリックすると書き出されます。

複数選択は同じ階層に限る

複数の対象を選択する場合、[レイヤー]パネル上で階層の違うものを同時に選ぶことはできません。例えば、グループとグループ内の単体、アートボードとアートボード内のものなどです。必要に応じてバッチでの書き出しと使い分けましょう。

すべてのアートボードを書き出し

[ファイル]メニューの[書き出し]→[すべてのアートボード]を実行すると、ファイル内にあるアートボードごとにその範囲内にあるものを1ファイルとして、すべてのアートボードが画像として書き出されます。書き出し（Windowsは[アセットを書き出し]）ウィンドウが開いたら、ほかの書き出し方法と同じく形式やサイズなどを選んで[すべてのアートボードを書き出し]ボタンをクリックすると書き出されます。

複数を書き出すときのファイル名

いずれの方法でも複数の対象を書き出しできますが、その際、書き出し後の個々のファイル名を指定することができません。複数対象を一括書き出しする場合は、アートボード名、オブジェクト名、グループ名など、[レイヤー]パネルで管理されている名前がそのままファイル名になります。事前に適切に命名しておきましょう。

複数を書き出す場合は名前は変えられません。

レイヤーパネル内のレイヤー名の変更

レイヤーの名前は画像書き出しの際にはファイル名となるので、コーディングなどの作業を考えるとできるだけ英語表記にしておくほうがよいでしょう。

1 [レイヤー]パネルで名前を変更したいアートボードやオブジェクトなどをダブルクリックするか、右クリックしてコンテキストメニューから[名前変更]を選択します。

2 テキスト編集モードになるので、名前を打ち変えて Return キーを押すと名前が変更されます。

125

Lesson 08　グリッド設定と画像書き出し

lesson08 — 練 習 問 題

 Lesson08 ▶ 8-Q1.xd

PC用のグリッドを作成しましょう。
PCはスマートフォンに比べて画面サイズが大きいため、グリッド数も多くなります。
ここでは多くのサイトやテンプレートにも利用されている12グリッドで設定してみましょう。
グリッドの間隔は20にして、アートボードの左右に140のマージンをとります。

Before
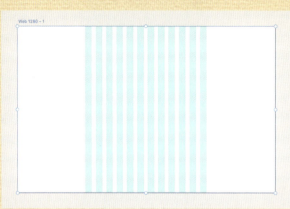

After

❶ [ファイル]メニューから[新規]を選択するか、またはツールバーから[アートボード]ツールをクリックして、テンプレートからPC用の[Web1280]を選択し、PCサイズのアートボードを作成します。
❷ 作成したアートボードを選択し、プロパティインスペクターの[グリッド]にチェックして、[グリッドの種類]から[レイアウト]を選択します。

❸ [列]（Windowsは[縦列]）の数値は12になっています。[段間隔]を20、[リンクされた左右のマージン]を選択して数値を140に設定します。[列の幅]は65になります。

126

プロトタイピング

An easy-to-understand guide to Adobe XD

Lesson 09

ここまでXDの［デザイン］モードで、アートボード上のレイアウトデザインをするための操作を説明してきました。ここからはサイトを構成する複数のページの関係を指定していく［プロトタイプ］の機能を説明していきます。XDによるプロトタイピングでは、複数のアートボードをターゲットでつなぐことで画面遷移を作成できます。簡単な画面の切り替えを作成してみましょう。

Lesson 09　プロトタイピング

9-1 インタラクティブプロトタイプの作成

XDでは画面遷移のアニメーションやリンクを作成したプロトタイプを「インタラクティブプロトタイプ」と呼んでいます。XDによるプロトタイプ作成の基本とプレビューによる確認の方法を学んでいきましょう。

プロトタイプモードにする

Lesson09 ▶ 9-1.xd

プロトタイプ制作は実際に操作するほうがわかりやすいはずです。サンプルファイル（9-1.xd）を開きましょう。ワークスペースの上部にあるモード切り替えのボタンで［プロトタイプ］をクリックします。ワークスペースの構成が少し変わります。左側のツールバーは［選択範囲］ツールと［ズーム］ツールのみになり、右側にあったプロパティインスペクターがなくなります。これがXDの［プロトタイプ］モードの画面になります。

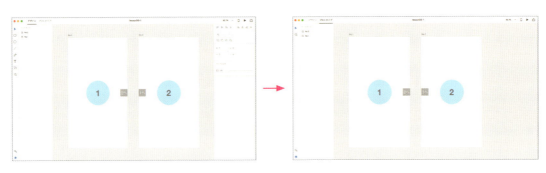

ホーム画面を設定する

ホーム画面とはWebサイトやアプリのトップページにあたる最初の画面のことです。9-1.xdに2つのアートボードがありますが、左側をホーム画面に設定しましょう。

アートボードを［選択範囲］ツールで選択すると、左上にホームアイコンが表示されます。初期状態では灰色ですが、クリックすると青く変化します。この青いアイコンにしたアートボードがホーム画面となります。

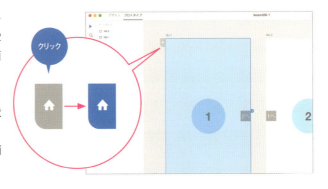

128

9-1 インタラクティブプロトタイプの作成

ターゲット（遷移先）を設定する

1. ［選択範囲］ツールを選び、「No.1」アートボードの右側にある「2へ」と書かれた長方形オブジェクト（グループ）をクリックします。選択されたオブジェクトは青い枠で覆われ、右側に接続用のハンドルが表示されます。

2. ハンドル部分を選択してドラッグすると、コネクタと呼ばれる連結線が表示されます。このコネクタをドラッグし、右の「No.2」アートボード上でマウスボタンを放します。

3. 左右のアートボードがコネクタで連結されます。同時にポップアップが表示され［ターゲット］［トランジション］［イージング］［継続時間］［スクロール位置を保持］の5つの設定ができるようになります。

インタラクションの設定項目　CHECK!

- ターゲット：遷移先のアートボード
- トランジション：アニメーションの種類
- イージング：アニメーションの速度の変化
- 継続時間：アニメーション全体の時間
- スクロール位置を保持：遷移先の画面の高さを現在のスクロール位置に合わせる

を意味しています。あとで詳しく説明します。

4. ポップアップメニューで選択して、試しにトランジションを［左にスライド］❶、イージングを［イーズイン／アウト］❷、継続時間を［1秒］❸にしてみましょう。

5. 右の「No.2」アートボードを選択し、左側の「1へ」の長方形オブジェクト（グループ）をクリックします。ハンドル部分をクリックすると❶、同じポップアップウィンドウが表示されるので、［ターゲット］をクリックして［ひとつ前のアートボード］を選択します❷。

6. ［トランジション］［イージング］などの設定がなくなります。この選択ではアニメーションはこのページに遷移して来たときの設定で巻き戻し再生になります。

Lesson 09　プロトタイピング

プレビューしてみよう

ここまでの操作の効果を確認してみましょう。XDのプロトタイプはそのままPC上でプレビューすることができます。

1. ［選択範囲］ツールでペーストボードをクリックし、アートボードの選択を解除した状態で、ワークスペース右上にある▶アイコン［デスクトッププレビュー］をクリックしましょう。

CHECK!

プレビューの開始画面

アートボードを選択していない場合、ホーム画面に設定したページがプレビューされます。選択中のアートボードがあると、そのアートボードの画面が表示されるので注意しましょう。

プレビューを録画（Macのみ）

プレビューウィンドウの右上にある◉アイコン［プレビューを録画］をクリックすると、プレビューウィンドウ内のすべての動きがmp4ファイルとして記録されます。◉をもう一度クリックするか Esc キーを押すと記録は停止し、mp4ファイルを保存する場所を指定できます。

2. ホームページが表示されます。右の「2へ」にマウスカーソルを重ねるとクリックできることを示す指のポインターに変化するのでクリックします。

3. 最初は徐々に加速しながら、後半は徐々に減速しながら右から左に重なるような形で、No.2のページが表示されます。

4. 2番のページの左矢印をクリックすると［3］の動きが逆再生されてNo.2のページが右側に戻り、またNo.1のページが表示されます。

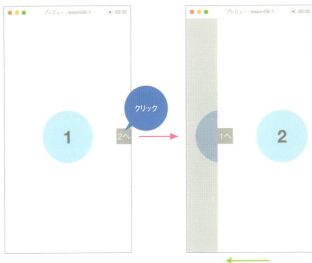

ページ遷移がアニメーションで表示されます。

アニメーションが逆再生されます。

リアルタイムでレイアウトを変更してみる

プレビュー機能はXDのファイル側の変更をリアルタイムに反映してくれます。プレビューウィンドウを開いたまま「No.1」アートボードを選択し、「1」の背景にある円形オブジェクトの位置を動かしてみましょう。XDのワークスペース上の変更が、即座にプレビューにも反映していることが確認できます。

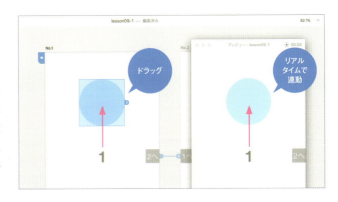

インタラクションの削除

設定したインタラクションを削除する場合は、コネクタから伸びる矢印のついた接続ハンドルの両端のどちらかをペーストボード（灰色の領域）にドラッグするか、またはハンドルを右クリックしてターゲットを［なし］に設定すれば削除することができます。

> **CHECK!**
>
> **インタラクションの設定対象**
>
> インタラクションを設定できるのは、オブジェクト（テキスト、グループ化を含む）またはアートボードです。ターゲット（遷移先）に設定できるのはアートボードのみです。

トランジションとイージングの設定

トランジションの種類

アニメーションの効果を決めるトランジションは10種類あります。

なし
画面遷移のアニメーションはなく、クリックした瞬間にターゲット先のページに切り替わります。

ディゾルブ
現在のページが徐々に表示が薄くなり、ターゲット先のページが徐々に表示が濃くなってきて入れ替わります。

ディゾルブ

左（右、上、下）にスライド
現在のページに重なるようにターゲット先のページがスライドインします（現在のページも同じ方向に少しだけスライドします）。方向は上下左右に指定できます。

左にスライド

左（右、上、下）にプッシュ
現在のページを押し出すようにターゲット先のページがスライドインします。方向は上下左右に指定できます。

左にプッシュ

イージングの種類

アニメーションの速度の変化を4つから選べます。

なし
一定の速度で動きます。

イーズイン
徐々に加速しながら始まり、後半は一定速度で終了します。

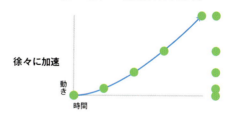

イーズアウト
一定速度で始まり、後半は徐々に減速しながら終了します。

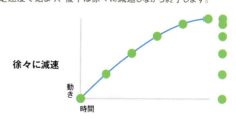

イーズイン／アウト
イーズインとアウトを組み合わせたものです。徐々に速く→一定速度→徐々に減速して終了します。

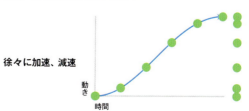

Lesson 09 プロトタイピング

スクロール位置を保持して遷移させる

スクロールが必要な縦に長いページで遷移先に移動する際、通常は元のページから次のページへ移動したときに表示位置がリセットされて、次のページの一番上を表示します。しかし、画面内で画像が切り替わるスライドショーのようなものや、タブ切り替えの表示のように、見せ方によってはスクロール位置を固定し、同じ高さでページを切り替えたい場合があります。［スクロール位置を保持］の機能を使うと、高さを固定したままページの移動が可能です。

1. ワークスペースを［デザイン］モードに切り替え、2つのアートボードを選択して、アートボード下のハンドルを下にドラッグして伸ばすか、直接プロパティインスペクターの［H］の数値を入力して1000px程度に変更してみましょう。

2. ［プロトタイプ］モードに戻り、ターゲットの設定の［スクロール位置を保持］にチェックを入れます。

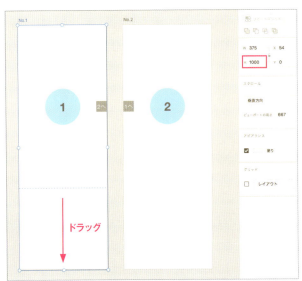
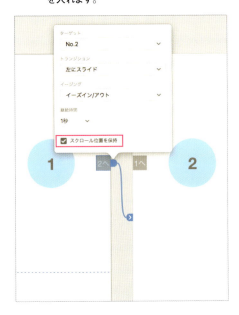

3. ［デスクトッププレビュー］ボタンをクリックしてプレビューを開始し、「2へ」のリンクボタンが見える範囲で下にスクロールさせてみましょう❶。この状態で「2へ」をクリックすると❷、同じスクロール位置のまま「No.2」アートボードへ移動します。

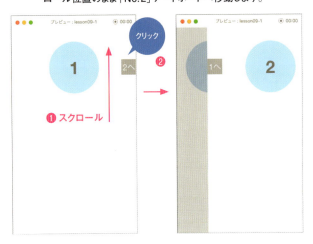

CHECK!

遷移後のスクロール位置の変更

［スクロール位置を保持］をオンにしても、遷移先のページの長さが元のページのスクロール位置より短いと、ページ下端が画面下端に揃うスクロール量に変わります。その後、遷移先の［ひとつ前のアートボード］に設定したボタンをクリックして戻ると、遷移前のページにも同じスクロール位置が適用されます。遷移前の元のスクロール位置には戻ることができないので注意が必要です。

132

プロトタイプの設定をコピーする

Lesson09 ▶ 9-2.xd

インタラクティブオブジェクトをコピーする

作成したインタラクティブプロトタイプは、パーツごとにコピーやペーストができます。
オブジェクトをコピー＆ペーストするとあらかじめ設定されていたインタラクションも反映することがわかります。
レッスンファイル（9-2.xd）を開き、［プロトタイプ］モードに切り替えて操作します。

1 4つのアートボードがあります。上の「ボタン元」というアートボードにある「1」から「3」の赤い長方形のボタンからそれぞれの丸数字の書いてあるアートボードにターゲットを設定しましょう。

2 「ボタン元」アートボード上の例えば「1」のボタンをクリックすると「No.1」アートボードに遷移するというように3つのボタンの［ターゲット］を設定します。インタラクションは初期設定の［トランジション：ディゾルブ］［イージング：イーズアウト］［継続時間：0.4秒］にしておきます。

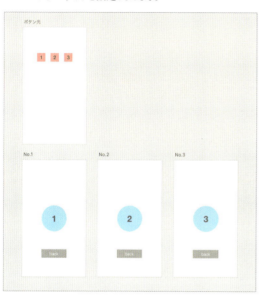

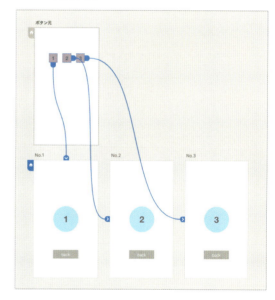

3 「ボタン元」アートボードにある「1」から「3」の赤いオブジェクトをすべて選択し⌘＋Ⓒでコピーします。

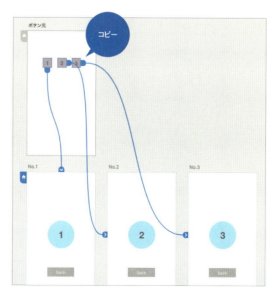

Lesson 09　プロトタイピング

[4] 「No.1」アートボードに⌘+Vでペーストします。するとペーストした3つの赤いオブジェクトから「No.2」「No.3」アートボードへのターゲットリンクが同時にコピーされます。ボタンの乗っている「No.1」アートボードへの「1」からのリンクは反映されません。

[5] 「No.2」「No.3」アートボードへも同じように3つの赤いオブジェクトをペーストしておきましょう。

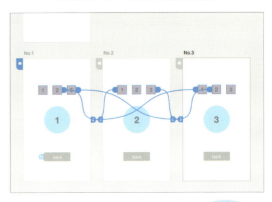

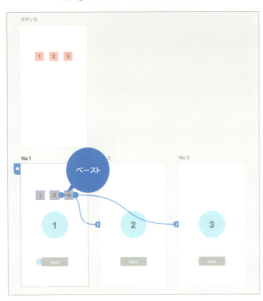

コピーできない場合　CHECK!

本書執筆時点でWindowsではこの方法でインタラクションがコピーされない場合がありますが、おそらくバグと思われます。その場合は、次の[インタラクションをペースト]を利用してください。

インタラクションのみをコピーする

異なるパーツにも同じ挙動を与えたい場合、別のオブジェクトにインタラクションのみをコピーすることもできます。

[1] 「No.1」アートボード上の「back」ボタンには、あらかじめターゲットとして[ひとつ前のアートボード]が設定されています。このインタラクションを表示する左側の矢印をクリックして、⌘+Cキーを押してコピーします。

コピー元の選択　CHECK!

[ひとつ前のアートボード]のインタラクションで、コピー元のオブジェクトを選択してコピーする場合、必ずオブジェクトの左側の矢印部分が青くマークされている状態でコピーしてください。

back

クリックする場所や回数、インタラクションを設定しているオブジェクトのグループの状態により、右側に矢印が表示されている状態になる場合があり、その状態でコピーをしてもインタラクションはコピーされません。

back

うまく選択できない場合は、左の矢印部分を直接クリックすればインタラクションをコピーできる状態になります。また[ターゲット]を指定している場合もオブジェクトを選択してコピーして利用できます。

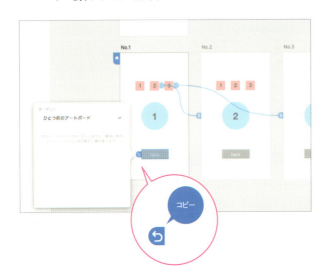

134

9-1 インタラクティブプロトタイプの作成

2 「No.2」アートボードの「back」ボタンのオブジェクトを右クリックして［インタラクションをペースト］（⌘＋option＋V）を選択します。

プレビューでの確認

プレビューで見てみると、「1」「2」「3」の3つのどの赤いボタンを押しても、またどの順番に押しても、各数字のページにリンクされて自由に行き来できるようになっています。また「back」ボタンも、直前のアートボードに戻るようになっているはずです。

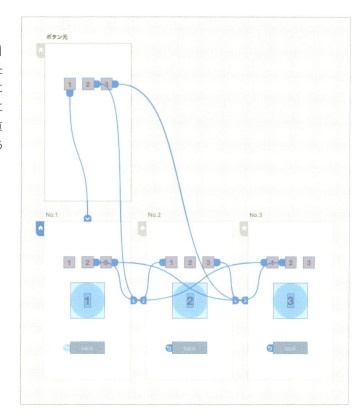

COLUMN インタラクション設定用のアートボード

サンプルの「ボタン元」アートボードは公開ページではなく、プロトタイプ制作のための内部ページです。これを用意するのはXDでの制作テクニックのひとつです。同じアートボード上へはインタラクションを作成することができないので、仮に「No.1」アートボードでボタンを作成し、そこからほかのアートボードにペーストすると、ほかのアートボードから「No.1」アートボードへのインタラクションを毎回設定する必要があります。「No.2」や「No.3」でもどのページ上でつくっても同じです。

そこでまったく別のアートボードを作成し、その上でインタラクションを設定したコンテンツを各アートボードにコピー&ペーストすることで、再設定の手間を省き、作業を簡単にすることができます。ヘッダーなど、すべてのページに共通のパーツをつくるときの省力化のポイントになりますので、覚えておくとよいでしょう。

Lesson 09　プロトタイピング

9-2 デバイスプレビューで確認する

XDは作成したプロトタイプをiOSやAndroidを入れた
スマートフォンなどのデバイスでプレビュー確認することができます。
実機での確認はUIデザインの完成度を大きく左右するので、
ぜひ活用してみてください。

USB経由でプレビュー

 Lesson09 ▶ 9-2z.xd

現在のバージョンではMac版にしかこの機能はありませんが、
USBでMacとスマートフォンなどを接続してプレビューすることができます。

確認用のデバイスを接続する

ワークスペースの右上にある[デバイスプレビュー]アイコンをクリックすると、iOSまたはAndroid端末に接続する指示が表示されます。
ここではiOSを例に説明します。手元のiOSが入ったiPhoneなどをUSBケーブルを使ってMacに接続すると、XDに認識されたデバイスが表示されます。

Adobe XDモバイルアプリをダウンロードする

1 AppleのApp Storeで「Adobe XD」を検索し、アプリをダウンロードします。

2 ダウンロード後[開く]をタップするか、ホーム画面にできたアイコンから起動します。

3 ログイン画面が表示されたら、自分のAdobeアカウントを使ってログインしてください、XDドキュメントのページが開きます。

136

9-2 デバイスプレビューで確認する

ライブプレビューで確認する

［ライブレビュー］はPCでのプレビュー同様、XD内の編集が即座にモバイル側に反映するので、実機、実寸によるデザインの確認には最適です。

1 Adobe XDアプリの［ライブプレビュー］をタップします。

2 Mac側で現在開いて選択しているXDの画面がそのままプレビューされます。

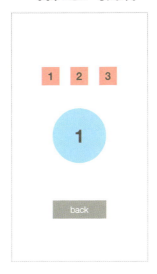

CHECK!

注意が表示される場合

［ライブプレビュー］を選択した際にUSBが接続できていない場合は、接続を促す画面が表示されます❶。USBの接続を再確認しましょう。また、Mac側でほかのアプリケーションを選んでいる場合は、プレビューしたいXDをMacで選択するように促されます❷。XD以外のアプリケーションを触っている場合はXDの画面に戻すか、XDファイルを開いていない場合はファイルを開きましょう。

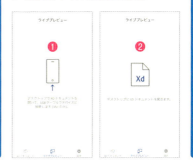

ライブプレビュー中の操作方法

プレビュー中はスマートフォン側の操作UIはすべて非表示になります。プレビューを終了、またはほかの機能を使用したい場合は画面を長押しするとメニューが表示されます。

1 ［アートボードを参照］を選択すると、ファイル内のアートボードが一覧で表示されます。複数デザインのプロトタイプが混在するような場合はここから移動すれば任意のアートボードを選択することができます。

137

Lesson 09　プロトタイピング

2　［この画面を画像として共有］を選択すると、画面をそのまま画像としてSNSやメッセージで共有することもできます。機能として覚えておきましょう。

3　［ホットスポットのヒント］は、プレビュー中にタップしたエリアにインタラクションが設定されていない場合、どの部分にインタラクションの設定がされているか、タップできるエリアを青くヒント表示する機能です。必要に応じて表示／非表示を切り替えましょう。

Creative Cloud ファイル経由でプレビュー

USB接続以外にも、AdobeのCreative Cloudファイルを経由することで手元のスマートフォンなどでプレビューすることができます。Windowsの場合はこちらの方法で確認してみましょう。

CHECK!

Creative Cloudファイルとは

Adobeのファイルストレージサービスです。PCなどローカルのデバイスとクラウド上のデータを連動して共有、管理することができ、XDのファイルをここに保存してプレビューすることもできます。XDやAdobe製品以外のデータであっても共有可能で、Creative Cloudのアカウントを持っていれば、無料でも2GBまで利用することができます。

PCからファイルを同期する

1　PCでAdobeのCreative Cloudアプリケーションを開きます。上部メニューから［アセット］❶→［ファイル］❷を選択し、［フォルダーを開く］をクリックすると❸、PC内に設定された共有用のフォルダーが表示されます。

2　開いたフォルダーに作成したXDのファイルをコピーまたは移動しておけば、自動的にインターネット上にアップロードされ、インターネットさえ利用できればどこからでもデータをプレビューすることができるようになります。

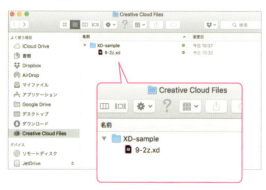

「Creative Cloud Files」フォルダーに任意のフォルダーをつくり、プレビューしたいファイルを入れます。

138

XDドキュメントからファイルを開く

USB接続の場合と同様にAdobe XDモバイルアプリを起動してログインすると、[XDドキュメント]のメニューが選択された状態で開きます❶。先ほどのデータが共有完了していれば、ファイル名が一覧で表示されます。ここから目的のファイルをタップすると❷、プレビューが開始されます❸。

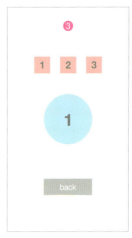

オフラインでプレビューする

通常[XDドキュメント]からプレビューをする場合はインターネット接続が必須になります。しかし、あらかじめ読み込んでおいたファイルのみ、オフラインであってもプレビューすることが可能になります。プレゼンなどでインターネット環境がない場所でプレビューをしたい場合に活用しましょう。

1 オフラインでプレビューしたいドキュメント右側の三点型メニューをタップします❶。

2 表示されるメニューから[オフラインで使用可能]をオンにします❷。

3 ファイルがダウンロードされ、ダウンロードアイコンがつきます❸。

プロトタイプのリンクを共有する

[XDドキュメント]の一覧で三点型メニューをタップ、またはドキュメントのプレビューから長押ししてメニューを開いた場合は[プロトタイプのリンクを共有]という項目が表示されます。この機能はPCでプロトタイプを公開している場合のみ使用することができます。プロトタイプの共有、公開はこのあとLesson10で説明します。

lesson09 ― 練習問題

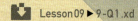

プロトタイプはクリックやタップで表示を切り替えるので、使い方によってはクイズやフローチャートなどもつくれます。図のような3つのアートボードで、二者択一のクイズアプリをつくってみましょう。中央の「Q」画面には問題文を書いて、2つの答えの選択肢をボタンで用意します。正解のボタンを選んだ場合は「正解」と書いた「A1」アートボードに遷移し、不正解のボタンを選んだ場合は「不正解」と書いた「A2」アートボードに遷移させるようインタラクションの設定をしましょう。

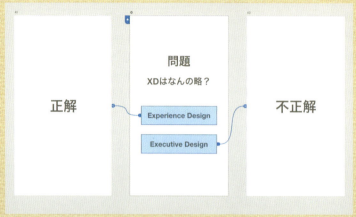

Before

After

❶ アートボードを3つ作成し、左から順にアートボード名を「A1」「Q」「A2」と設定します。

❷ 「A1」のアートボードには[テキスト]ツールで「正解」、「A2」には「不正解」とポイントテキストを作成し、それぞれ[中央揃え](垂直方向)と[中央揃え](水平方向)ボタンをクリックして、アートボードの中央に配置しておきます。

❸ 「Q」のアートボードに「問題」「XDは何の略?」と入力します。答えを選ぶための選択肢として長方形で作成したボタンを2つ用意し、「Experience Design」「Executive Design」というテキストを前面に重ねます。

❹ [プロトタイプ]モードに切り替えます。「Experience Design」から正解の[A1]へターゲットを指定し、「Executive Design」から不正解の[A2]へターゲットを設定します。トランジションなどは[ディゾルブ]や[右(左)へスライド]など、好みの設定をしてみましょう。

❺ [デスクトッププレビュー]ボタンをクリックし、プレビューでで答えと画面の遷移先、トランジションが自然かなどを含めて確認、調整してみましょう。

❻ 問題を増やしてつなげていけばさまざまなパターンができるので、プロトタイピングの挙動の再確認と、トランジションによる見え方の違いを試してみましょう。

プロトタイプの共有

An easy-to-understand guide to Adobe XD

Lesson 10

作成したプロトタイプはオンラインで公開し、外部と共有することができます。ブラウザを使って制作メンバーにプロトタイプを確認し実際に操作してもらえます。さらに、デザインスペック機能を利用すれば、プロトタイプに使用されているカラーやフォントなどの仕様についても、XDを使わずに確認してもらうことができます。グループでのサイト制作に活用していきましょう。

Lesson 10 プロトタイプの共有

10-1 プロトタイプの公開

XDで作成したプロトタイプはオンライン上で公開し、共有することができます。
デザインを常に最新版で確認、共有することで、
よりスムーズな制作フローの実現が可能です。

プロトタイプを公開する

 Lesson10 ▶ 10-1.xd

レッスンファイルを開いて、プロトタイプを公開してみましょう。

1 ワークスペース右上の[共有]アイコンをクリックし❶、[プロトタイプを公開]を選択します❷。

2 公開用の設定が表示されます。オプションで任意に設定します。

❶タイトル
日本語でも自由に設定ができます。

❷コメントを許可
プロトタイプに対してブラウザ上でレビューした人がコメントを載せられる機能をオンにします。

❸フルスクリーンで開く
プロトタイプを開いたときにフルスクリーン状態で開きます。

❹ホットスポットのヒントを表示
プロトタイプのクリック可能な領域のヒントを表示してくれる機能をオンにします。

❺パスワードを要求する
パスワードを設定し、閲覧制限をかけることができます。

3 [公開リンクを作成]ボタンをクリックするとアップロードがはじまります。

4 リンク先のURLは[リンクを開く]❶で直接開けます。共有したい場合は[リンクをコピー]❷でクリップボード(パソコンの一時記憶)にコピーし、メールやメッセージアプリなどに貼りつけて送ることができます。[埋め込みコードをコピー]❸を使うと、WebサイトのHTMLに直接iframe形式で埋め込むことができます。

パスワードはあとから設定したり、設定しているものを解除することもできます。

> **共有リンクの更新** CHECK!
>
> 一度アップロードしたプロトタイプを、リンクのURLを変えずに更新したい場合は[共有]をクリックして[リンクを更新]で上書きができます。これまでのリンクとは別のURLで使用したい場合は[新規リンク]でリンクをつくり直します。

プロトタイプのレビュー画面

公開されたプロトタイプはスマートフォンやパソコンの各種ブラウザで表示確認ができます。パソコンで表示した場合はいくつかのレビュー機能が使用できるようになっています。

> **CHECK!** パスワードが設定されている場合
> 入力画面が開くので、設定したパスワードを入力してください。

フルスクリーン表示

画面右上の[フルスクリーン]アイコンをクリックすると、黒地のメニューなしで表示されます。共有設定で[フルスクリーンで開く]にしている場合は最初にこの画面が表示されます。Escキーを押すと通常表示に戻ることができます。
フルスクリーンモードは、パソコンのブラウザなどで開いたときにプロトタイプを実寸で表示することができます。通常表示の場合はウィンドウサイズに合わせてプロトタイプが縮小するようになっています。

コメントの入力と編集

公開したプロトタイプには制作者や共有者がコメントを入力することができます。

1 右上の[コメントを表示]アイコンをクリックすると、コメント欄が表示されます❶。

2 コメントはコメント欄最下部のテキストフィールドに入力します❷。

3 入力後にReturnキーを押すか[送信]をクリックします❸。または[アートボードにピン留め]❹をクリックすると、どの部分に対してのコメントかピンを打って位置を指定することができます。

4 投稿されたコメントは投稿順にコメント欄に表示されます。また、アートボード上に打たれたピンをクリックするとそのコメントに移動します。

5 コメントの[返信]をクリックすると返信用のテキストフィールドが表示されます。返信は Return キーを押すことで投稿されます。

CHECK!
表示名と写真の変更

コメント者のアイコンや名前はAdobe IDの情報が反映されます。表示名はAdobe IDの管理画面から[アカウント所有者の名前]（https://accounts.adobe.com/account）で、画像は[プロファイル写真]（https://accounts.adobe.com/profile）から変更が可能です。

コメントの修正

コメントを修正したい場合はカーソルを重ねると表示される[鉛筆]アイコン❶をクリックすると再入力できます。

コメントを解決にする

作業や確認が完了したコメントについてはカーソルを重ねると表示される右上の[解決]ボタン❷を押すと非表示にできます。

COLUMN
リンクを更新する

レビューコメントを受けてファイルを修正した場合、XDで[リンクを更新]することで同じURLのまま内容が更新されます。その後ブラウザのリロード（再読み込み）を実行すると、最新版で再確認ができます。

解決したコメントを復活させる

解決済みの中から改めて再修正が発生した場合は、コメント最下部に表示される[解決済みのコメントを表示]をクリックして解決済みのコメントリストを開き、[「未解決」に移動]で復活させることができます。

コメントの削除

コメント自体が不要になった場合は各コメントの[ゴミ箱]アイコンをクリックし❶、[コメントを削除]❷をクリックすると削除できます。

10-2 デザインスペックの確認と共有

デザインスペックは、デザインデータからさまざまな数値やテキストを抽出し
コーディングなどの開発作業をサポートしてくれる機能です。

デザインスペックを公開する

 Lesson 10 ▶ 10-2.xd

デザインスペックは、プロトタイプとして作成したレイアウトをもとに、コーディング段階で必要になるさまざまな情報を、公開リンクを通じてブラウザから取得できる機能です。オブジェクトの位置やサイズ、カラーなどのアピアランス、文字スタイルといったデザイン情報、さらにテキストそのものをコピーして利用することができます。これによって、デザイン制作者だけでなくコーダーが同じプロトタイプをもとにしてスムーズにサイト開発を進めることができるようになります。

> **CHECK!**
> **ベータ版で公開中**
> 本書執筆時点でデザインスペックはベータ版として実装されているので、今後改良や変更される可能性があります。

グリッドを表示する

レイアウトでグリッドを使用している場合は、アートボードをすべて選択し［グリッド］のチェックをオンにしましょう。デザインスペックではグリッドを表示することができますが、公開時にオンになっていない場合はグリッド情報が反映されません。

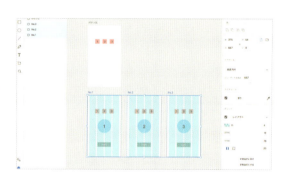

デザインスペックの公開

1 ワークスペース右上のデータアップロードのアイコン［共有］をクリックし❶、［デザインスペックを公開（BETA）］を選択します❷。

2 ［タイトル］をわかりやすく入力します❶。［基準にする単位］にプロトタイプを作成した際に設定したHOMEに使用されているアートボードの設定が表示されます❷。［iOS］や［Android］、カスタマイズした数値なら［カスタム］になります。変更はできません。

3 ［公開リンクを作成］❸をクリックするとアップロードがはじまります。

Lesson 10　プロトタイプの共有

デザインスペックを開く

1　アップロード終了後に表示される[リンクを開く]❶または[リンクをコピー]❷から、プロトタイプ公開時と同様にブラウザでデザインスペックを開いてみましょう。

**Adobe IDで
ログインする**　CHECK!

デザインスペックを確認するにはAdobe IDのアカウントが必要です。ログインしていない場合は図のようなログイン画面が表示されます。

2　ページを開くとインタラクションでつながれたページが一覧で表示されます。HOMEに設定したページとそのリンク先のページを含め、HOMEからプレビューを開始してリンクがない、つまり一連の流れで開くことのできないページはここに表示されません。

3　各アートボードの上にマウスカーソルを重ねると、そのアートボード内からどこへターゲットが設定されているかが確認できます。

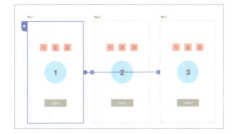

4　各アートボードのスペック確認をしてみましょう。一番左のHOMEに設定した画面をクリックすると、アートボードの表示になります。右側に情報パネルが表示され、そのアートボード内に使用されているカラー・文字スタイル・レイアウトグリッドが表示されます。

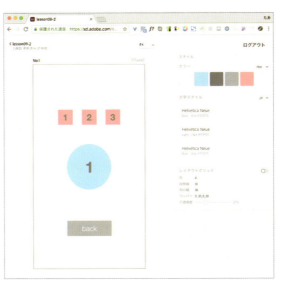

146

デザインスペックで情報を取得する

グリッド情報の確認

アートボードのスペックではレイアウトグリッドを確認することができます。
なお［方眼］の場合はデザインスペック上で確認することはできません。

1 ［レイアウトグリッド］には［列］［段間隔］［列の幅］［マージン］などの情報が表示されます。右側のスイッチをオンにします。

2 ［不透明度］の設定は見やすいように変更することができます。

アートボード上の位置関係を計測する

1 アートボードをクリックするとアートボード自体のサイズが表示されます。

2 中央の「1」の数字が入った青い円形オブジェクトの上にマウスカーソルを重ねてみると、アートボードの縁からそのオブジェクトまでの距離の数値が表示されます。

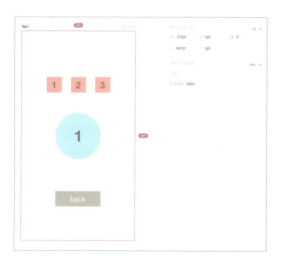
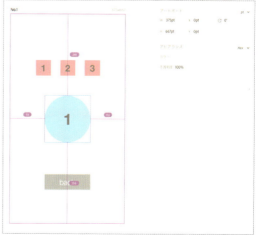

Lesson 10　プロトタイプの共有

オブジェクトのサイズを確認する

中央の「1」の円形オブジェクトをクリックしてみましょう❶。オブジェクトの位置とサイズ、カラーや角丸などのアピアランス情報が表示されます❷。この円は［楕円形］でなく［長方形］の角丸で表現されていることがわかります。

特定のオブジェクトからの距離を計測する

デザインスペックでは基準となるアートボードやオブジェクトを選択し、そこから特定のオブジェクトやテキストまでの距離を表示して数値を確認することができます。「1」の円形オブジェクトを選択したまま❶、下の「back」ボタンにマウスカーソルを重ねると❷、2つのオブジェクトの距離が数値で表示されます。

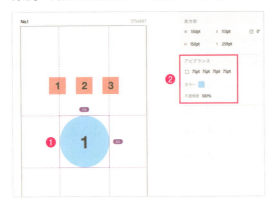
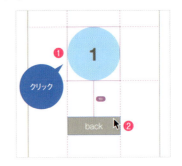

テキストの情報を確認する

テキストをクリックすると❶、位置・サイズ・回転の情報に加え、［スタイル］としてフォントおよびフォントスタイル・サイズ・整列・カーニング・行送りの情報が確認ができます❷。［アピアランス］ではカラー・不透明度がわかります❸。また［コンテンツ］部分にプレーンテキストが表示されます❹。

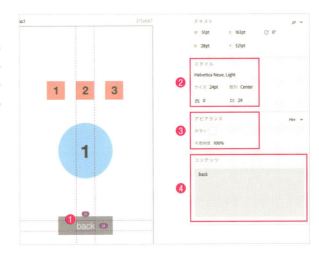

数値やテキストをコピーする

デザインスペックで表示した情報は、見て確認するだけでなくコピーすることができます。

カラーをコピーする

「back」テキストを選択して❶［アピアランス］の［カラー］にマウスカーソルを重ねると数値で情報が表示されます❷。クリックすると「カラーがコピーされました」と表示され❸、クリップボードに情報が保存されます。

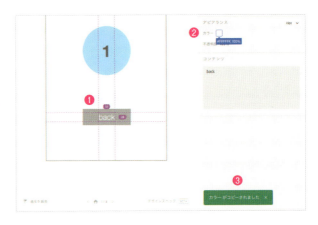

148

テキストをコピーする

[コンテンツ]のテキストをクリックすると❶「コンテンツがコピーされました」と表示され❷、やはりクリップボードに保存されます。そのままペーストすればコーディングなどに簡単に流用することができます。

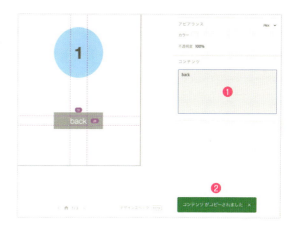

表示サイズや単位を変更する

デザインスペックでの表示サイズ・単位は各要素の右上のメニューから変更できます。

1 表示サイズは[Fit]と表示されている[ズーム]プルダウンメニューから25％～200％まで変更ができます。

2 カラーの形式は[Hex]以外に[RGBA][HSLA]に変更ができます。RGBAはRGB（レッド、グリーン、ブルー）にA（アルファ／透過度）を加えたもの、HSLAはHSL（色相、彩度、輝度）にAが追加されたものです。

3 文字サイズの単位はpx（ピクセル）、pt（ポイント）、dp（density-independent pixels）から選択できます。

CHECK!
HSLとHSBは異なる

XDのデザイン時に登場するHSB（色相、彩度、明度）とHSLは別の数値になるので注意しましょう。

アートボードの検索

数ページのプロトタイプの場合は問題ありませんが、数十、数百となるページを持つプロトタイプの場合、すぐにそのページを見つけられない場合があります。そのような場合はプロトタイプのページ上にある[検索ボックス]を利用しましょう。テキストフィールドに任意の文字を入れれば、アートボード名の中から合致するものを検出してくれます。

Lesson 10 プロトタイプの共有

10-3 公開済みリンクやファイルの管理

公開されたプロトタイプやデザインスペックはすべて
Adobe Creative Cloud Assets で管理することができます。
また、ここでは Creative Cloud ファイルも管理することができます。

プロトタイプやデザインスペックのリンクの管理

Assetsの管理ページを開くにはChromeやSafariなどインターネットブラウザが必要です。
XDからブラウザが呼び出されるので、いつも使っているものでかまいません。

1 ワークスペース右上の[共有]アイコンをクリックし❶、[公開済みリンクを管理]を選択します❷。

2 ブラウザでAssetsの[プロトタイプとスペック]のページが開きます。各データのファイル名と、[デザインスペック]または[プロトタイプ]の種別が表示されます。そのまま任意のファイルのエリアをクリックすれば、プロトタイプやデザインスペックのページが開きます。

3 右の三点型メニューアイコン❶をクリックすると、PC上のプロトタイプやデザインスペックと同様に、[リンクのコピー]❷でURLをクリップボードにコピーしてメールやメッセージで共有することができます。

4 [共有リンクを削除]（Windowsは[完全に削除]）❸で不要になった共有リンクを削除することができます。クリックして[完全に削除]ボタンを押すとリンクが削除されます。後述のファイルと違い[削除済み]に入るわけではありません。再度共有したい場合はXDから[共有]アイコンをクリックして[プロトタイプを公開]や[デザインスペックを公開]を実行する必要があります。

150

10-3　公開済みリンクやファイルの管理

Creative Cloudファイルの管理

Aseetsのサイトでは、ほかにもCreative Cloudファイル（クラウドに保存したファイル）をWeb上で管理することもできます。Creative Cloudファイル経由でデバイスプレビュー（9-2参照）をしたときのデータもここに保存されています。AdobeのCreative Cloudアプリケーションから［アセット］→［ファイル］にある［Webで表示］ボタンをクリックしても同じ画面が表示されます。

1 Assetsの左メニューから［ファイル］を選択すると❶、Creative Cloudファイル内のファイルやフォルダーのデータが一覧で表示されます❷。

2 ファイルの右にある三点型メニューをクリックすると［削除］のみが表示されます。削除されたデータやフォルダーはAssetsの［削除済み］のページに移動します。

3 フォルダーの右にある三点型メニューをクリックすると、［共有］［名前を変更］［移動］［コピー］［削除］の5つの項目が入っています。

フォルダーを共有する

フォルダーの三点型メニューから［共有］を選択すると、続いて2つのメニューが表示されます。目的に応じて方法を選択します。

フォルダーのリンクを表示

［フォルダーのリンクを表示］を選択すると、このフォルダーへの直接のURLを発行しメールなどで送ることができます。［リンク設定］で［ダウンロードを許可］❶［コメントを許可］❷［Creative Cloudへの保存を許可］❸の3つのオプションを任意に設定できます。設定後［リンクをコピー］❹をクリックすれば、クリップボードにリンクのURLが保存されます。

151

Lesson 10　プロトタイプの共有

フォルダーに招待

[フォルダーに招待]を選択すると、ほかのユーザーにそのフォルダーへのアクセス権を与えられます。

1 招待したい人のメールアドレスを入力して❶、[閲覧のみ]または[編集可能]の権限を設定し❷、[招待状を送る]をクリックします❸。

2 指定のメールアドレスに自動メールが送信され、[このフォルダーを共有中のユーザー]として登録されます。

3 登録後にユーザーごとの権限を編集することもできます。あとから編集権限が必要になった場合はユーザー名の右に表示される権限のポップアップメニューをクリックし❶、変更してあげましょう。ユーザーを削除するには左の[×]をクリックし❷、[保存]❸をクリックすれば削除が完了します。

CHECK!
Adobe IDのアドレスが必要

招待される側はAdobe IDが必要になるので、アカウントで登録されているメールアドレスを事前に確認しておきましょう。

フォルダーの名前を変更

フォルダーの三点型メニューから[名前を変更]をクリックすると、ブラウザ上でフォルダー名を変更することができます。変更はPC上のCreative Cloudファイルのフォルダー名にも反映します。

フォルダーの移動

1 フォルダーの三点型メニューから[移動]をクリックすると、フォルダーを別のフォルダーや階層に移動することができます。

2 任意の移動先フォルダーを選択すると[移動]ボタンが有効化されるのでクリックします。[移動中]表示が消えると、移動が完了します。

CHECK!
新規フォルダーの作成

左下の アイコンをクリックします。フォルダー名を入力して[新規フォルダーを作成]ボタンをクリックするとCreative Cloudファイル内に新しいフォルダーが作成されます。

フォルダーのコピー

フォルダーの三点型メニューから[コピー]を選択すると、フォルダーを丸ごとコピーできます。コピー先にはほかの階層やフォルダーを選択できます。[移動]と同様に新規で作成したフォルダーにコピーを作成することも可能です。

削除ファイル・フォルダーの復元と完全に削除

フォルダーを削除すると、ファイルの削除と同様に[削除済み]に移動します。
削除したファイルやフォルダーは[削除済み]のページへ移動して管理します。
削除を取り消して復元したり、Creative Cloudファイルの容量を空けるために完全に削除することもできます。

1 削除したファイルやフォルダーは、Assetsの左メニューにある[削除済み]を選んで❶、対象ファイルやフォルダーの右側にある三点型メニューから[復元]することも可能です❷。

2 [完全に削除]を選択すると❸、確認のダイアログが表示されます。ここで[完全に削除]ボタンをクリックするとデータは復旧することができなくなるので注意しましょう。

Lesson 10　プロトタイプの共有

lesson10 — 練習問題

 Lesson 10 ▶ 10-Q1.xd、10-Q1.txt

本書のサンプルとして下記URLで公開しているデザインスペックを開き、各数値やテキスト、サイズなどの数値を自分で確認して、このページで使われているカラーやフォントを抜き出し、テキストファイルに書き出してリストにしてみましょう。
https://xd.adobe.com/spec/a333998e-3bbb-473e-71c5-9aabeaa3bb73-d502/

CHECK!

リンクが表示できない場合

XDでサンプルファイルの10-Q1.xdを開き、自分でデザインスペックを公開してブラウザで表示してみてください。

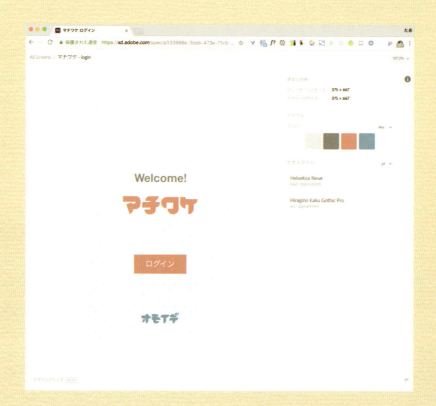

❶ [カラー] の各色をクリックしてコピー、テキストファイルにペーストします。
❷ [文字スタイル] をそれぞれクリックしコピー、テキストファイルにペーストします。
❸ テキストもプレーンテキストとしてコピーできるので、コピーして管理しておきます。
「Welcome!」と「ログイン」のテキスト部分をクリックし、[コンテンツ] に表示されているテキスト部分をクリックしてコピー、テキストファイルにペーストします。

❹ その他、レイアウトの位置に関する情報もオブジェクトをクリックして確認し、どのような数値が設定されているか確認してみましょう。

使用カラー：#FFFFFF, #E0E0E0, #707070, #DD7067, #3695B5
使用フォント：Helvetica Neue, Hiragino Kaku Gothic Pro
テキスト：Welcome!, ログイン

共通パーツの作成

An easy-to-understand guide to Adobe XD

Lesson 11

Webサイトやアプリをデザインする場合、いきなり画像を配置したり、アイコンの作成から始めることはありません。まずコンテンツや目的に合わせてレイアウトを作成し、そこに画像やテキストなどの細かな要素を配置していきましょう。ここからはUI（ユーザーインターフェース）を考慮したレイアウトの考え方についても並行して説明していきます。

Lesson 11 共通パーツの作成

11-1 UIキットの活用

XDにはiOSやAndroidなどのUIキットが用意されています。
UIキットを利用すれば、デバイス標準の表示やアイコンなどを
簡単に配置することができ、レイアウトデザインを省力化できます。

UIキットのダウンロード

ここではユーザー数の多いiPhoneに合わせてデザインをする前提で進めていきます。
まずiOS用のUIキットをダウンロードしましょう。

1 XDの起動時や新規ファイルを作成する際のスタート画面に表示される［UIキット］から、[Apple iOS]をクリックします。

2 ブラウザでAppleのデベロッパー用サイトが開きます。少しスクロールしたところに[Download for Adobe XD]の項目があるので、そこからXDファイルをダウンロードすることができます。

3 利用規約の確認と同意にチェックして ❶ [Agree and Download] をクリックすれば ❷、UIキット「iOS-11-AdobeXD.zip」ファイルのダウンロードが始まります。

CHECK! dmgデータの場合

2018年5月時点で、ZIP形式でなくdmg形式（macOSのイメージファイル）になっています。その場合はMacでダウンロードして利用してください。Windowsではフリーソフトの「7-zip」などを利用すれば開くことはできます。もしUIキットが利用できないときは、7-2から実践してください。

4 「iOS-11-AdobeXD.zip」ファイルを展開すると次のデータが入っています。

Apple UI Design Resources License.rtf
ライセンスに関するテキスト。

Fonts
デザインに使用しているフォント、San Francisco Proのデータ。

Production Templates
アプリアイコンやナビゲーションバーのアイコン素材。

UI Elements + Design Templates + Guides
モバイル用XDをインストールしたスマートフォンなどでプレビューすることができます。

11-1　UIキットの活用

ここでは、「UI Elements + Design Templates + Guides」フォルダーにある「UIElements+Design Templates+Guides.xd」データを使用します。

UIキットのXDファイルを開く

「UIElements+DesignTemplates+Guides.xd」ファイルを開くと、iOSで使用されているカラー、アイコン、ステータスバー、入力用のUIエレメントなどさまざまなパーツが用意されています。中にはビットマップ画像のものもありますが、カスタマイズする必要のない素材なのでこのまま使用しましょう。

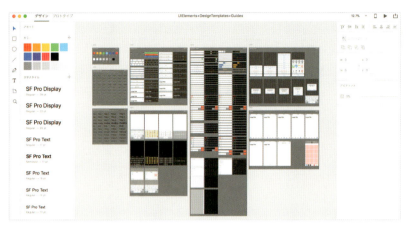

UIキットを利用してステータスバーを配置する

アプリのデザインではUIキットの中から多くの素材を使用することになりますが、本書ではWebサイトをベースに進めていきます。

 Lesson11 ▶ 11-1.xd

1 ［UI Elements - Bars］のアートボードから、［Status Bars］とあるステータスバー（電波状況や電池残量などが表示される部分）をコピーしてください。

2 レッスンファイル（11-1.xd）を開き、［Nav］のアートボードに先ほどコピーしておいたUIキットのステータスバーをペーストします。［整列］パネルを使い、［上揃え］❶でアートボードの最上部、［中央揃え］（水平方向）❷で左右中央に配置しましょう。

> **COLUMN**　ステータスバーも前提に入れる
>
> iPhoneではSafariやChromeなどブラウザでWebサイトを表示していても、ステータスバー部分が消えることは通常ではありません（アプリでは強制すれば消すことはできます）。Webサイトのデザインではこのステータスバー部分が表示領域の一部を削ってしまうので、UIキットなどを利用して実際の表示イメージにできるだけ近づけましょう。

Lesson 11　共通パーツの作成

11-2 コンテンツブロックの配置

用意されているコンテンツを確認して配置してみましょう。
まずはタイトル、文章、画像など、大まかな要素の確認作業からはじめていきます。

レイアウトグリッドを設定する

Lesson11 ▶ 11-2.xd

ここでのレイアウトは6列で作成して行きます。先ほどステータスバーを配置した［Nav］アートボードを選択し、グリッドをオンにします❶。初期設定を変更している場合、各数値は環境により違うものが表示されます。グリッドの設定を次に合わせてください。

- 列：6
- 段間隔：20
- 列の幅：39
- リンクされた
  左右のマージン：20

グリッドを設定したら［初期設定にする］をクリックして❷、これを初期設定に保存しておきましょう。

COLUMN

列数の目安

グリッド数はサイトの構成やコーディング方法により最適数が変わってきます。最小では1列でも問題ありませんが、グリッドに沿ってボックスをレイアウトすることが多くなるので、グリッドを「画像やアイコン、ボタンが入る最小の箱」と考えた場合、iPhoneなどのスマートフォンの画面でタップできるボタンサイズや表示した時に判別できるサイズを考慮し、最大は6列程度と考えておくとよいでしょう。

ヘッダー1段目の領域を配置する

ヘッダー周りからレイアウト用のブロックを作成していきます。ワイヤーフレームのように適当な数値ではなく、できるだけ整えた状態でレイアウトを進めましょう。［長方形］ツールを選択し、前節で作成したステータスバーの下に［W］は最大幅の375、［H］は45で描画します。上部のステータスバーとの距離は0になるようにぴったりと配置します。

CHECK! ガイドラインとレイアウト数値を利用する

フリーハンドでオブジェクトなどを移動する際、青いガイドラインと赤いレイアウト数値が表示されます。数値入力ではなくフリーハンドで調整する場合はこの赤いレイアウト数値を確認しながらおこなうようにしましょう。

COLUMN

ボタンなどの推奨サイズ

iPhoneなどのAppleが推奨するデザインのガイドライン「iOSヒューマンインターフェイスガイドライン」では、ボタンなど「コントロール要素は44×44ポイント以上の大きさで作成し、指でも正確にタップできるようにしてください。」としています（https://developer.apple.com/design/tips/jp/）。またGoogleのマテリアルデザインでも「タッチターゲットは少なくとも48×48dpでなければなりません。」としています（https://material.io/design/）これらは人の指のサイズを元に設計されており、実寸で10mm（1cm）程度がタップエリアに必要なサイズであり、そこから44px前後の数字を割り出しています。ボタンだけに限らず、タップするエリア、例えばリンクのテキストや選択項目などもこのサイズを指標にしましょう。先ほどの「グリッドの最大数は6程度」とした理由も、このタップエリアや余白のサイズから考えています。

ロゴ用ブロックの作成

ロゴやメニューボタン用のレイアウトを作成します。レイアウトを作成する際、レイアウトグリッドが見た目で邪魔になることもあるので、不要な場合はグリッドのチェックは外して非表示で作業を進めると見やすくなります。［長方形］ツールで100×30のブロックを作成し、ロゴ用のブロックとしてヘッダー1段目の中央に配置します。

CHECK! 整列の注意点

オブジェクトを複数使った整列は、オブジェクト同士が完全に重なっている場合は大きなオブジェクトを基準に整列しますので、大きなオブジェクトは動きません。逆にオブジェクト同士がはみ出していたり、重なっていない場合は選択したオブジェクトすべてが移動してしまいます。外側のベースになるオブジェクトを動かしたくない場合は、整列を実行する前に中に入れたいオブジェクトをベースのオブジェクトの内側にしっかり入れるようにしましょう。

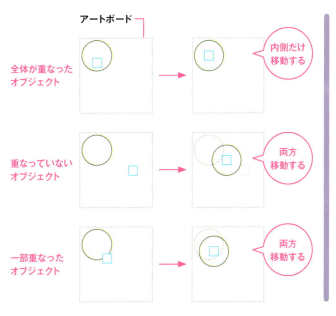

ヘッダー2段目のメニューバーの配置

5つのボタンブロックの作成

メニューアイコンから開くナビゲーションのほかに、サイトを開いてワンタップ（1回のクリック）でメインの機能やページに直接飛べるメニューバーを配置します。現在のアートボードはiPhone 6/7/8サイズで幅が375に指定されています。5つのメニューを並べる場合、6列のグリッドを使用しているためそのままはめ込むことができません。そこで直接375÷5＝75と算出して作成します。

1 ［長方形］ツールで75×45の長方形を作成し、ヘッダー1段目のすぐ下に左寄せで配置します。

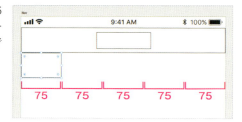

2 配置した長方形の中に［テキスト］ツールで仮のメニューを作成します。ポイントテキスト❶で作成して［中央揃え］❷にし、フォントサイズは10程度❸の小さめにしておきましょう。あとで差し替えるので仮に「menu」などと入力してください。

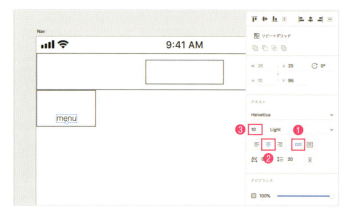

COLUMN
最小のフォントサイズ

GoogleのブラウザであるChromeは、通常で表示できる最小のフォントサイズを10pxまでとしています。CSSなどで強制し、強引に小さくすることもできますが、そもそも10px未満のテキストはかなり小さく、読む文字としては適切とはいえません。テキストにフリガナを振る「ルビ」のような特殊な扱いを除き、フォントサイズは最小でも10pxまでと考えましょう。

3 長方形とテキストの両方を Shift ＋クリックで選択し、［リピートグリッド］をクリックしてリピートグリッド化します。

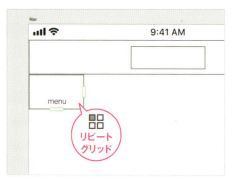

4 作成したリピートグリッドを右に広げて5つ並べ、リピートグリッドの間隔を0に調整しましょう。

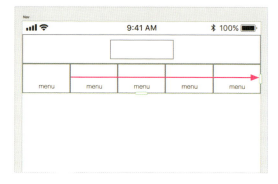

11-3 コンテンツを整える

大枠のブロックでサイズや配置を決めたら、アイコンやロゴ、テキストなど細かな要素を配置して全体を整えていきます。

余分な境界線の削除

 Lesson 11 ▶ 11-3.xd、menu-bar.txt

ヘッダー1段目と、リピートグリッドで作成した2段目のメニューバーに設定されている[境界線]のチェックを外して境界線の塗りを削除します。

グループやリピートグリッドでの塗りの注意

グループやリピートグリッド、アセットなど、素材をひとつの塊として扱う場合でも、[塗り]や[境界線]をまとめて設定することができます。しかし、これはときに不要な線や塗りを与えてデザインを崩してしまう原因にもなるので、まとめて変更を加える場合は十分に注意をしましょう。

リピートグリッドにまとめて[境界線]をチェックした例

アイコンやテキストの配置

メニューアイコンと検索を配置する

レッスンファイル(11-3.xd)にはあらかじめアセットとして素材が登録されています。

1. その中から検索アイコンをヘッダー1段目の左側に配置します。ロゴ用のブロックを配置したときと同じように、ヘッダー1段の領域のブロックと[整列]の機能を使い、きれいな位置に配置するようにしましょう。

2. 同じくメニューアイコン(ハンバーガーメニュー)をヘッダー1段目の右上に配置します。ここでも整列を使ってアートボードの端にしっかりと整列させましょう。

メニューバーのテキストの読み込み

配置したリピートグリッドのテキストに、サンプルのテキストデータ「menu-bar.txt」をドラッグしてメニューのテキストを流し込みます。

Lesson 11　共通パーツの作成

リピートグリッドとシンボルの複合的な使い方

メニューバーにアイコンを配置するにあたり、リピートグリッドの上にアセットのシンボルからそのまま配置してもよいのですが、リピートグリッドの中身ひとつひとつにはオブジェクトとの距離や位置関係を表示してくれるガイドが表示されません。これだと中央に配置したい場合などレイアウトを整えるのが難しくなるので、遠回りなようですが確実な方法として、リピートグリッドの中身をシンボル化する方法を紹介します。

リピートグリッドの中身をシンボル化する

リピートグリッドの1セット（メニューバーのブロックとテキスト）を一式選択します。
リピートグリッドやグループで処理されている要素の選択はコツがいるので、何回か試してその癖を覚えるようにしましょう。

1 リピートグリッドの中に配置されているオブジェクトなどは1回のクリックでまとめては選択できないので、まずは長方形の部分をダブルクリックし、続けて[Shift]キーを押しながらテキストの部分を1回クリックすることで選べます。

2 [選択範囲からシンボルを作成]ボタンをクリックして、選択した要素をアセットに登録します。

シンボルのテキストは個別に編集できる　CHECK!

一見すると5つのメニューはテキスト内容が違うのでシンボルに見えませんが、シンボルは個別にテキストを編集できる機能があるので（7-3参照）、これによりメニューバーは「シンボルを繰り返すリピートグリッド」になっています。また事前にリピートグリッドにテキストを流し込んでおいたので、シンボルとしてひとつひとつ手作業でテキストを変更する手間もなくなりました。

リピートグリッドの解除

メニューバー全体のリピートグリッドを選択して[グリッドグループを解除]で解除します。

シンボルの編集　CHECK!

リピートグリッドを解除しても、各メニューのグループはシンボルとして登録されているので、どれかひとつの設定を変えるとすべてをまとめて変更することができます。

メニューバーのアイコンの配置

アセットパネルからメニューのアイコンを選択しそれぞれに配置していきます。直接シンボルの上にドロップするとシンボルが置き換えられてしまうので、別のスペースに置いてからドラッグで配置します。先ほどリピートグリッドを解除しておいたので、レイアウトする際にガイドも表示され、レイアウトしやすくなります。

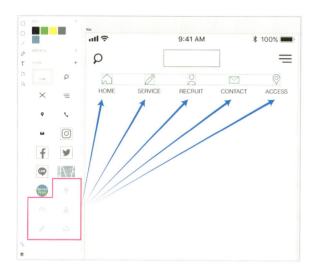

> **COLUMN**
>
> **ピクセルの端数の考え方**
>
> ウィンドウ幅によりレイアウトを調整するレスポンシブWebデザインが主流となっているいまのデザインでは、少し前まで言われていた「ピクセルパーフェクト」という考え方、つまり「レイアウトやデザインには0.5pxなどの端数は出さないほうがよい」という考えが通用しなくなってきています。
> 実際、この5つのメニューバーはiPhone 6/7/8の375px幅をベースに計算されているため、375÷5＝75となり、その75pxの中央にアイコンなどを配置しようとすると、どうやっても端数が発生することになります。このような場合は無理に整数にすることを考える必要はありません。レスポンシブで対応することを前提に考えたレイアウトであれば、端数が発生することよりも、数字の矛盾が出ないことのほうが重要になります。

CCライブラリからロゴを配置する

サンプルでは、実際の制作環境を想定し、ロゴや画像などの素材をCCライブラリ経由で用意しています (https://adobe.ly/2oSm9nl)。ライブラリを自分の環境にリンクさせ、ロゴを配置してみましょう。CCライブラリの使い方については7-5を参照してください。

ロゴを配置する

メインメニューからCCライブラリを開き、共有した「book sample assets」ライブラリを選んで内容を確認してください。「オモイデ」という青いロゴをロゴ用のブロックのオブジェクトにドラッグ＆ドロップすれば、ロゴ用ブロックの中央に配置されます。CCライブラリからグラフィックを配置する場合、SVGのデータもビットマップ画像のデータと同様の挙動になり、事前に配置しておいたオブジェクトのサイズに合わせて自動的に中央へ配置されます。

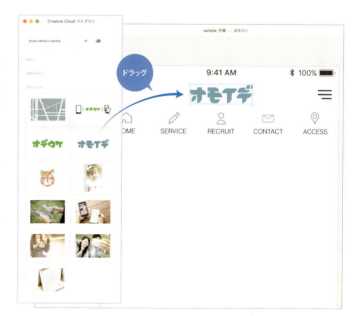

ロゴのメインカラーに合わせる

このままでもデザインはある程度整っていますが、
テイストを合わせるためにロゴに使われているカラーをアイコンの一部に活用してみましょう。

CCライブラリのリンクを解除する

リンクを解除すると、通常のオブジェクトなどと同様にカラーを確認することができます。このままアセットに追加したり、カラーの数値を直接コピーで取り出すこともできます。一度リンクを解除してしまうと再びリンクすることはできないので、CCライブラリにあるグラフィック（SVG）のカラーの確認をしたい場合は確認用に1つ余計にグラフィックを配置するとよいでしょう。確認できたら余計に配置したロゴは削除してください。

1　新たにロゴを1つ、CCライブラリから配置します。配置したロゴの左上にあるCCライブラリのリンクマークをクリックし、リンクを解除しましょう。

2　リンク解除したオブジェクトはプロパティインスペクターの[塗り]から色の確認・変更ができるようになります。カラーをアセットに登録することもできます（7-1参照）。

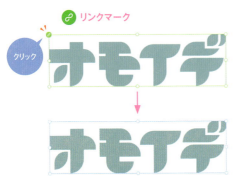

アイコンにカラーを適用する

サンプルでは事前にロゴのカラーもアセットに登録してあります。
同じカラーをシンボルのアイコンに適用して、ヘッダーの統一感を出しましょう。

1　ヘッダー1段目の左にある検索用アイコンのシンボルをダブルクリックし、虫眼鏡のオブジェクトを直接選択します❶。アセットからロゴと同じ青いカラーを選びクリックすると❷、シンボルの色が黒から青に変更されます❸。

2　同様に、右側のメニューアイコンの3本線のオブジェクトを選択し❶、アセットから青いカラーをクリックして❷シンボルの色を変更します❸。

これでヘッダー部分とメニューバーの共通パーツが作成できました。

11-4 ナビゲーションメニューを作成する

ハンバーガーメニュー（メニューアイコン）と呼ばれるナビゲーションは、アイコンをタップすると隠れていたメニューを表示させるのが一般的です。サンプルも同様の動きを想定しているので、メニューをオープン（表示）にしたデザインもつくっていきましょう。

共通パーツを配置する

Lesson11 ▶ 11-4.xd、nav-menu.txt

ナビゲーションメニューのアートボードを作成しましょう。ここまでヘッダーを作成したアートボード［Nav］と同じiPhone6/7/8のサイズでアートボードを準備して［Nav-open］という名前にしています。

共通のヘッダー部分をアセットに登録する

メニューを作成する前に、使いまわすことの多い同じパーツをまとめてアセットにシンボルとして登録しておきます。ここではヘッダーのステータスバー、1段目のロゴ、検索アイコン、2段目のメニューバーまではほぼ共通で使われるので、これらをまとめてシンボル化します。

シンボル化する範囲

COLUMN

メニューアイコンは変化させる

ここではメニューアイコンは共通パーツとしてシンボル化をしません。UI上、メニューアイコンはメニューが閉じているときと開いているとき、それぞれに応じたアイコンに形を変えることがわかりやすい場合が多いので、デザインやレイアウトに応じてそのときまとめてシンボル化するものと、除外するものを考えてみましょう。

状況に応じて切り替える

 表示アイコン

 閉じるアイコン

1 ［Nav］のアートボード上の要素を⌘＋Aキーですべて選択してから❶、メニューアイコンだけをShift＋クリックして❷、メニューアイコン以外をすべて選択します。

❶ ⌘＋Aキー

Shift＋クリック

ハンバーガーアイコンだけ選択が外れます。

2 選択したメニューアイコン以外の要素をアセットにシンボルとして登録します。

効率的な選択方法 CHECK!

［選択範囲］ツールを使い、ひとつひとつShiftキーを押しながら選択してもいいですが、すべてを選択してからShiftキーを押しながらメニューアイコンだけクリックして［除外］するという方法が効率的です。うまくメニューアイコンをクリックできない場合は、できるだけ拡大してオブジェクトの塗り部分や緑色の枠線を正確にクリックできるように調整してみましょう。

COLUMN

重ね順を調整する

シンボルとして登録すると、登録したオブジェクト類はまとめてグループ状態になります。制作した順序などにより前後関係が入れ違ってそれまで見えていたメニューアイコンが隠れてしまう場合もありますが、そのようなときは慌てずに前面のオブジェクト（ここではシンボル化したヘッダー要素）を、[オブジェクト]メニューまたは右クリックのメニューから[重ね順]→[最背面へ]を選択して前後関係を調整してみましょう。

新しいアートボードにシンボルを配置する

[Nav-open]アートボードに、シンボルにしたヘッダー部分を配置します。

1 [Nav]アートボードでシンボルを選択して❶⌘＋Ｃキーでコピーします❷。

2 [Nav-open]アートボードを選択して❶⌘＋Ｖキーでペーストします❷。

COLUMN

アートボードの同じ位置に配置する

XDでは元となるアートボードからコピーしたオブジェクトなどを、別のアートボードにペーストで配置すると、自動的に元のアートボードと同じ位置にレイアウトされた状態で配置されます。先ほどのシンボルのコピーについても[アセット]パネルからドラッグして配置してもよいのですが、その場合配置したあとに整列させる必要があります。そこでXDの「元のレイアウトと同じ位置にペーストされる」という挙動を利用し、[Nav]のアートボードからシンボルをそのまま[Nav-open]アートボードにコピー＆ペーストすると、位置調整の手間を省くことができます。ただし、元のアートボードよりも、新しいアートボードのほうが高さや幅などが小さい場合は位置情報はキャンセルされ、中央に自動配置されます。

メニューリストを作成する

メニューはヘッダーの2段目のメニューバー領域は隠し、1段目の下に表示します。

1 長方形ツールで画面幅いっぱいに、[W]375、[H]602の長方形を描画し、アートボードの水平方向中央、下揃えでレイアウトします。

2 [塗り]にアセットの[カラー]に登録しておいたロゴの青を選択し❶、[境界線]をなしに設定します❷。

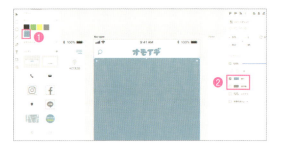

11-4　ナビゲーションメニューを作成する

3 少し色が強いので調整をします。プロパティインスペクターの［塗り］をクリックしてカラーピッカーを開き、ポインターをドラッグして青を#EAF7FC程度まで薄くしておきましょう。［Hex］に直接入力してもかまいません。

4 再び［長方形］ツールで［W］375、［H］50の長方形を描画し、先ほどの薄い青の上辺に揃えます。

5 このオブジェクトはメニュー項目のサイズを合わせるためのブロックですので、［塗り］［境界線］ともになしに設定しておきましょう。

6 アートボードのグリッドをオンにします❶。この際、先ほど作成したグリッドとは違うサイズ設定が表示されると思いますが、［初期設定に戻す］をクリックすると❷あらかじめ［初期設定にする］で保存しておいた数値に変更されます。

CHECK!

グリッドを信用しすぎない

フリーハンドで描いた場合、パスは自動的にグリッドに吸着されます。しかしこの吸着機能は必ずしも正確とは言えません。グリッドは目安にはなりますが信頼しすぎず、描画後には数値を確認し、想定通りになっていない場合は調整するようにしましょう。

7 先ほど作成した透明なブロックの下に、表示したグリッドに合わせて［W］335、［H］1の長方形を描画します❶。この長方形は［塗り］にアセットに登録されたグレー（#5A6B71）❷、［境界線］をなしに設定しておきます❸。

167

Lesson 11　共通パーツの作成

8　透明のブロックの垂直方向中央、グリッドの左端に揃えるように、ポイントテキストを配置します❶。あとで置き換えるので内容は任意です。フォントは[hiragino（ヒラギノ）]など一般的な和文書体を選択し、[フォントサイズ]16、[左揃え]にし❷、塗りを先ほどの高さ1の長方形と同じアセットのグレー（#5A6B71）に設定しておきます❸。グリッドはここではもう使わないので非表示にします。

リピートグリッドでメニューを作成する

1　透明のブロック、[H] 1の長方形、ポイントテキストの3つを Shift ＋クリックで選択し、[リピートグリッド]をクリックしてリピートグリッド化します。

CHECK！　レイアウトの確認

リピートグリッド化すると、全体の[W]や[H]の数値が表示されます。透明なブロックが[H] 50、グレーの長方形が[H] 1なので、ここでは合計の[H]が51になっているはずですが、数値が違う場合は先ほどのレイアウトがずれていた可能性があるので、拡大して透明なブロックの下に[H] 1の長方形が来るように修正しておきましょう。

2　リピートグリッドの下ハンドルを引っ張り、要素が6個になるところまで表示します。

3　リピートグリッドの間隔は初期設定では20になるので、調整して0にしておきます。

168

11-4 ナビゲーションメニューを作成する

4 サンプル用テキストファイルの「nav-menu.txt」をリピートグリッド内のテキストにドラッグし、内容を登録しておきます。先ほどの「menu-bar.txt」とは少し中身が違うので注意しましょう。

閉じるアイコンの設置

通常時にメニューアイコンを配置していた場所に、メニューが開いているとき用の「閉じるアイコン」（×）を配置します。アートボード下部にも閉じるアイコンを配置しましょう。

1 閉じるアイコンはサンプルのアセットにシンボル登録してあるので、そこからドラッグし、ヘッダー1段目の右端に揃えるように配置します。

2 アセットのカラーをクリックして、ロゴやほかのアイコンと同じ青に色を変更しておきます。

3 アセットから閉じるアイコンのシンボルをドラッグして下部にも配置し、いったん下揃え・水平方向中央に配置します❶。

4 プロパティインスペクターの[Y]はアートボードの高さ667からアイコンの高さ45を引いた622になっています❷。[Y]に562〜582程度の数値を入力し、40〜60ほど上にずらします。

COLUMN
画面下方に余裕を持たせる

iPhoneなどのスマートフォンでは画面の下部にブラウザのメニューバーが表示されていたり、スワイプすることでメニューを表示する機能があるものがあります。そのため、画面最下部にぴったりとボタンやタップエリアを設定してしまうと、誤タップ（操作ミス）の原因になります。画面下方にボタンなどを配置する場合は、少し余白を設けて誤タップを回避できるように考慮しましょう。

Lesson 11　共通パーツの作成

lesson11—練習問題

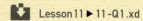　Lesson11 ▶ 11-Q1.xd

 共通パーツとして配置するフッターを作成してみましょう。
ヘッダーと同じように、フッターも再利用する機会が多い部分です。
図のようにロゴやコピーライト表記、SNSアイコンを並べたフッターエリアを作成し、
アセットに登録してみましょう。

❶[Nav]のアートボードに[長方形]ツールで[H]215[W]375の長方形を作成し、[塗り]に#ECEDF0のアセットカラーを適用し背景にします。[下揃え]でアートボード下端に揃えます。
❷[アセット]パネルの[シンボル]からFacebook・Twitter・LINE・Instagramのアイコンを左右20の間隔で配置し、[中央揃え]（垂直方向）にします。4つを選択してグループ化してから[中央揃え]（水平方向）でアートボードの左右中央に配置します。[Y]は492です（配置したらグループ化解除します）。
❸[長方形]ツールで[W]100[H]30の長方形を描き、[中央揃え]（水平方向）で左右中央に揃えます。[Y]は575です。そこにCCライブラリの「book sample assets」から「オモイデ」のロゴをドラッグ&ドロップして配置します。
❹その下に[テキスト]ツールで「©オモイデ ALL Right Reserved」とポイントテキストを入力します。[フォント]は[Hiragino]の[W3]などで、[フォントサイズ]12にします。[中央揃え]（水平方向）で左右中央に揃えます。[Y]は623です。
❺背景オブジェクト・SNSアイコン・ロゴ・テキストのすべてを選択し、アセットにシンボル登録します。これで共通パーツのフッターが作成できました。

トップページの作成

An easy-to-understand guide to Adobe XD

Lesson 12

トップページのレイアウトはメインビジュアルとコンセプト文、ニュースやサービスなどの繰り返し要素で構成されていることが多く、XDの機能をフル活用できます。作成した共通パーツや、これまでに練習した文字スタイル、グラデーションなどの機能をおさらいしながらページを作成していきましょう。

Lesson 12 トップページの作成

12-1 トップページの
レイアウトブロックの作成

サンプルサイトのトップページ [Home] の構成は「メインビジュアルとコンセプト」「サービス一覧」「新着ニュース」「リクルート告知」「連絡先」「所在地」の6つのブロックです。それぞれのレイアウトを作成しましょう。

共通パーツの配置

Lesson12 ▶ 12-1.xd

サンプルファイル（12-1.xd）の [Home] アートボードにはあらかじめレイアウト用のブロックとテキストを配置してあります。まずは [Nav] アートボードに作成しておいた共通パーツのシンボルとメニューアイコンをアートボードの一番上にコピー＆ペーストしておきます。

各コンテンツの確認

[Home] アートボードにはすでに6つのコンテンツが用意してあります。ここに 12-2 から要素を配置していくこともできますが、XD でのワイヤーフレーム作成の練習をするなら、ペーストしたヘッダー以外のコンテンツを一度すべて削除して、自分で同じ内容をつくってみてください。それぞれの要素は Lesson11 で保存した6列のレイアウトグリッドに沿うように制作されています。

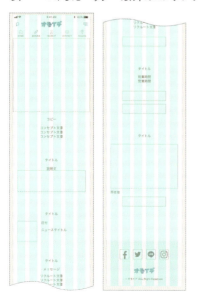

メインビジュアルとコンセプト

● メインビジュアルの画像用の長方形（W375×H350）
● キャッチコピーのテキスト、コンセプトタイトル用、コンセプト文用の改行を含むテキスト（各ポイントテキスト・中央揃え）

172

サービス

- サービス用タイトル（フォントサイズ24）、説明文用のテキスト（各ポイントテキスト・中央揃え）
- バッジ用の長方形（W46×H46）
- 画像用の長方形（W335×H100）
- バッジ・サービス名・説明文・画像を1セットとして、リピートグリッド（間隔30）で3つ表示
- 背景用長方形（W375×H950）

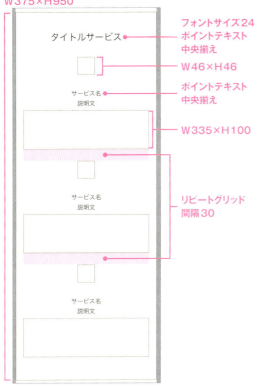

ニュース

- ニュース用タイトルのテキスト（フォントサイズ24・ポイントテキスト・中央揃え）
- ニュース記事用のアイキャッチ画像を入れる長方形（W98×H98）
- 日付テキスト（ポイントテキスト・左揃え）、ニュース記事タイトル（エリア内テキスト2行分・左揃え）、続きを読む用テキスト（ポイントテキスト・右揃え）
- 区切り線（W335×H1）
- 記事用の画像・テキスト・区切り線を1セットとして、リピートグリッド（間隔5）で4つ表示
- 一覧へ用テキスト（ポイントテキスト・右揃え）

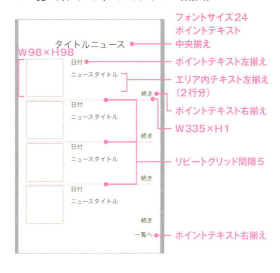

リクルート

- リクルート用タイトルのテキスト（フォントサイズ24）、メッセージタイトル（ポイントテキスト・中央揃え）、リクルート文章（エリア内テキスト3行分・左揃え）
- リクルートボタン用長方形（W217×H45）
- 背景用長方形（W375×H363）

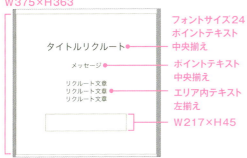

コンタクト

- コンタクト用タイトルのテキスト（フォントサイズ24）、営業時間テキスト2行（各ポイントテキスト・中央揃え）
- 電話番号ボタン用、メール送信用長方形（各W217×H45）

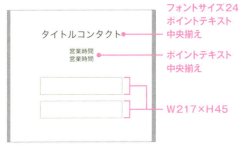

アクセス

- アクセス用タイトルのテキスト（フォントサイズ24・ポイントテキスト・中央揃え）
- 地図用長方形（W335×H210）
- 郵便番号／住所／最寄り駅用テキスト3行（ポイントテキスト・左揃え）
- リクルートボタン用長方形（W217×H45）

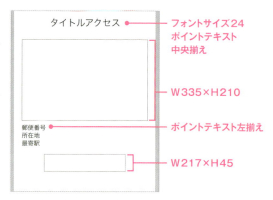

全体図

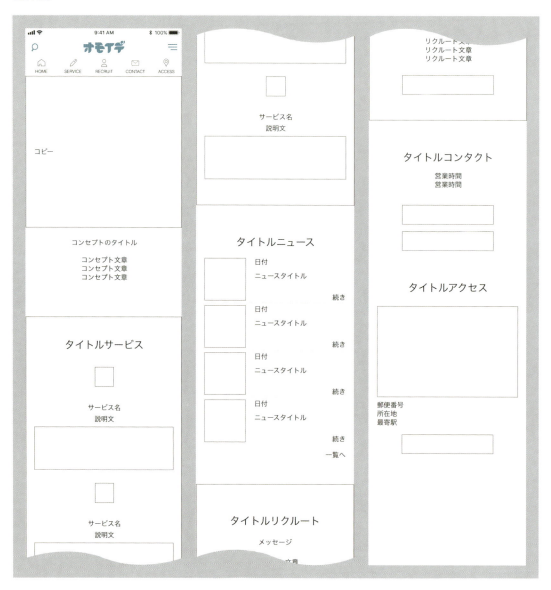

12-2 共通要素のアセット登録

Webデザインではタイトルや文章に使うテキスト、
ボタンなど共通の装飾で使い回しをするコンテンツが頻繁に登場します。
トップページを含め、今後同じ装飾、サイズ、色など
使用される頻度の高いものを選出し、アセットに登録しましょう。

文字スタイルをアセットに登録する

Lesson 12 ▶ 12-2.xd

共通タイトルのアセット登録

ひと回り大きくフォントサイズ24にしておいた各タイトル「サービス」「ニュース」「リクルート」「コンタクト」「アクセス」の5つは基本的に同じレベルの扱いになります。このようなテキストは事前にアセットに登録して共通管理できるようにしましょう。タイトルのいずれかを選択し❶、[選択範囲から文字スタイルを追加]をクリックして❷、アセットの文字スタイルに登録しましょう❸。

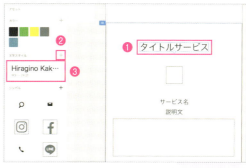

文字スタイル変更の注意　CHECK!

文字スタイルの管理は、その文字スタイルを適用している・いないに関わらず、同じ設定のテキストをいっしょに変更します。ここではフォントサイズ24のテキストを同じ文字スタイルに登録しているので、この登録した文字スタイルを右クリックで編集すると、文字スタイルで指定していないほかのフォントサイズ24のテキストも同時に編集されます。これはカラーの管理でも同様です。

標準テキストのアセット登録

説明文や所在地など、ベースとなる本文に使用される文字スタイルを登録します。ここではデフォルトのフォントサイズ16のものをそのままベースの標準テキストとしてアセットに登録しておきます。コンセプト文章や説明文などデフォルトで設定されたままのいずれかのテキストを選択し❶、[選択範囲から文字スタイルを追加]をクリックして❷、アセットの文字スタイルに登録しましょう❸。

175

Lesson 12　トップページの作成　　　　12-2　共通要素のアセット登録

ボタンをアセットに登録する

「リクルート」「コンタクト」「アクセス」などに入れるボタンは同じものをベースに制作します。
こちらのボタンもアセットにシンボルとして登録しましょう。

1 シンボルの場合は一度に変換ができないので、まず1つを選択し❶、[選択範囲からシンボルを作成]をクリックして❷、アセットに登録します❸。

2 登録されたシンボルをアートボード上に配置し、残りの3つのボタン用オブジェクトと差し替えていきます。

COLUMN

背面のオブジェクトの選択方法

2つの重なったオブジェクトの背面のものだけを削除するには少しコツがいります。方法はいくつかあります。まず手前のオブジェクトを右クリックしてコンテキストメニューから[重ね順]→[最背面へ]で背面に送ったあとに、手前のオブジェクトのみ削除するのがわかりやすく簡単です。ほかにも、2つを範囲選択してから手前のシンボルだけを Shift キーを押しながら選択解除して、奥にある長方形のみを選択状態にして削除する方法もあります。試して扱いやすい手順を見つけましょう。

2つがぴったり重なっている状態
（イメージはわざとずらしています）

手前のオブジェクトを背面に移動

手前のオブジェクトを削除

176

12-3 コンテンツを挿入する

全体のレイアウトが確認できたら、実際に素材を入れていきます。
あとでサイズや色、配置調整が出てくることも考えて、
配置した段階ではあまり細かく触りすぎないようにしましょう。

コンテンツの読み込み

 Lesson 12 ▶ 12-3.xd

メインビジュアルとコンセプト

メインビジュアルに使用する画像はCCライブラリから読み込んでいきます。

1 CCライブラリの［グラフィック］から「女の子」の画像をメインビジュアルのブロックにドラッグ&ドロップします。

2 サンプルのテキストファイル「main-copy.txt」をメインビジュアルの「コピー」のテキストにドラッグして差し替えます。ポイントテキストで文字がアートボードからはみ出しますが、次節で調整していくので問題ありません。

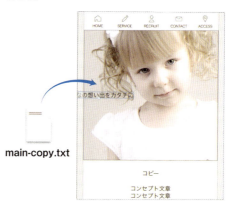

3 同様に、コンセプト用の「コピー」に「concept-copy.txt」を、「コンセプト文章」に「concept-text.txt」をドラッグ&ドロップします。

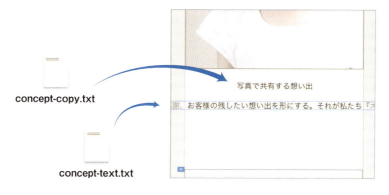

Lesson 12 トップページの作成

「サービス」ブロック

タイトルの書き換え

タイトルは短文ですので直接タイピングしましょう。
「サービスタイトル」の部分を「SERVICE」と変更します。

バッジの挿入と編集

タイトルより下部分はリピートグリッドになっています。最初の正方形のオブジェクトはサービスの種類を示すバッジを差し込みます。あらかじめアセットにシンボル登録されている「Service Web」と書かれた円形のシンボルを配置します。

1 リピートグリッド内をダブルクリックし、さらにバッジ配置予定の正方形オブジェクトをダブルクリックします❶。そこにアセットの「Service Web」シンボルをドラッグ&ドロップします❷。

2 リピートグリッド内にまとめてシンボルが表示されれば成功です。バッジ用の正方形オブジェクトとシンボルを整列させてから、正方形オブジェクトを削除してバッジに差し替えましょう。

3 3つあるサービスの下2つはWebではなくApp（アプリ）での表示を予定しているので、シンボル化されたバッジ内のテキストを編集し書き換えます。シンボルではテキストの編集は個別にできます。

テキストの挿入

各「サービス名」はサンプルテキストファイルの「service-title.txt」に用意してあります。ポイントテキストにドラッグし、まとめて入れ替えましょう。同様に「説明文」にも「service-text.txt」をドラッグして差し替えます。

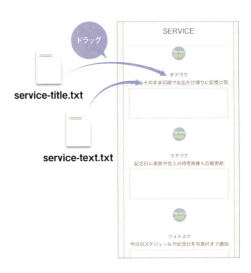

画像の挿入

各サービスのイメージ画像はCCライブラリの画像を使用します。「自撮り」「二台のスマホ」「ブランコ」の3つの写真を選択し、長方形のオブジェクトにドラッグ&ドロップします。

配置順は画像の選択順

PC内の複数の画像をリピートグリッドに読み込む際は、その名前の順番で読み込まれますが（6-2参照）、CCライブラリから読み込む場合は少し挙動が変わり、選択した順番に読み込みます。ここでは「自撮り」「二台のスマホ」「ブランコ」のグラフィックを、⌘キーを押しながら順番に選択し、そこからドラッグ&ドロップすると任意の順番で表示ができます。

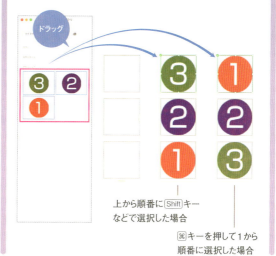

ベクターデータは配置できない

CCライブラリの［グラフィック］はリピートグリッドに読み込むことができますが、Illustratorから登録したベクターグラフィックのデータはリピートグリッドで配置することができません。Photoshopなどからビットマップ画像としてグラフィックに登録しましょう。

「ニュース」ブロック

1 「タイトルニュース」を直接「NEWS」に打ち替えます❶。新着記事4件はリピートグリッドなので、「サービス」のときと同様にアイキャッチ画像をまず登録します。CCライブラリで⌘キーを押しながら「二台のスマホ」「メモ」「しめ飾り」「カレンダー」の順に4つ選択し、左の正方形にドラッグ&ドロップして配置します❷。サンプルファイルの「news-date.txt」を「日付」に❸、「news-title.txt」を「ニュースタイトル」に❹ドラッグし、テキストを差し替えます。

2 「続き」は直接タイピングして「more」に書き換えましょう。

Lesson 12 トップページの作成

COLUMN

全グリッドをまとめて書き換える

4つのテキストの1つを「more」に書き換えても、ほかのテキストは変更されません。しかし4つのリピートをいったん1つまで戻し（2つ目が見えないように1つ目のコンテンツ未満にします）、テキストを書き換えて、再びリピートグリッドを4つに広げるとすべて変更されます。リピートグリッドは1つしか表示されていない状態での変更は、その後広げた範囲すべてに適用されます。うまく活用しましょう。

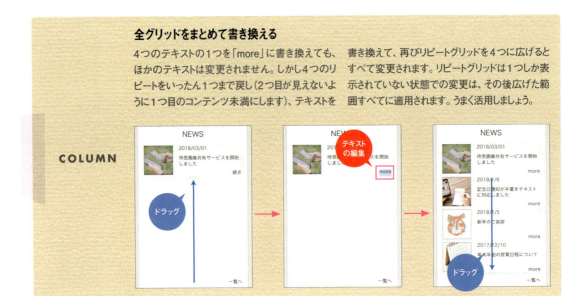

「リクルート」ブロック

1 「タイトルリクルート」を直接タイピングで「RECRUIT」に変更します❶。「メッセージ」「リクルート文章」のテキストは1つのサンプルファイル「recruit-text.txt」にありますので、テキストエディタで開いて必要な項目をコピー&ペーストで入れ直しましょう。

2 シンボル化されたボタンにテキストを追加します。ボタンのシンボルを編集状態にし❶、ポイントテキストの中央揃えで「ENTRY FORM」と入力します❷。テキストはボタンの長方形の中央に来るように、水平方向、垂直方向ともに中央で整列しておきましょう❸。

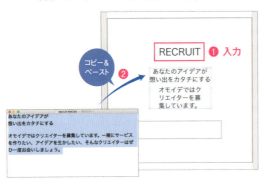

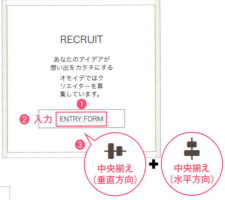

3 ほかの場所に配置されたシンボルにも「ENTRY FORM」が追加されます。

CHECK!

シンボルに追加・削除する

シンボルをダブルクリックしてシンボルの中を選択状態にし、内容の追加や削除をするとまとめて変更することができます。

180

12-3 コンテンツを挿入する

「コンタクト」ブロック

「タイトルコンタクト」を直接タイピングで「CONTACT」に変更します❶。「営業時間」にサンプルファイルの「contact-text.txt」をドラッグし、内容を書き換えます❷。

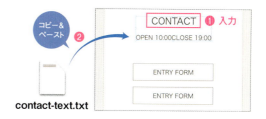

「アクセス」ブロック

1 「タイトルアクセス」を直接タイピングして「ACCESS」に変更します❶。「郵便番号／所在地／最寄駅」の入ったテキストファイル「access-text.txt」をテキストエディタで開き、コピー＆ペーストでテキストを差し替えます❷。ドラッグ＆ドロップでは改行があるので最初の行しか読み込まれません。

2 CCライブラリから地図のグラフィックをドラッグ＆ドロップします。あらかじめ作成しておいた長方形のサイズがずれていると、上下左右に余白ができることがあるので、長方駅のサイズを確認しましょう。

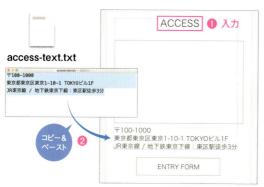

現段階の全体図

181

Lesson 12 トップページの作成

12-4 コンテンツを整える

配置したコンテンツを整えて、デザインを仕上げていきましょう。
学習したXDのテクニックを総合的に使って、
各パーツにUIを考慮したふさわしいデザインを施していきます。

メインビジュアルとコンセプト

背景オブジェクトの配置

1 メイン画像上のコピーの背景を作成します。[長方形]ツールで左側に縦長の長方形オブジェクトを描き❶、サイズは[W]133[H]350に揃え❷、[塗り]を白のままで[境界線]はなしにします❸。

2 [背景のぼかし]にチェックをして[ぼかし量]10、[明るさ]−20に設定しましょう❶。コピーのテキストが前面に来るよう、右クリックして[重ね順]→[背面へ]（⌘+[キー）を何度か繰り返して重ね順を調整します❷。

コピーのテキストを整える

ポイントテキストで1行になっている文章を「みんなの／想い出を／カタチに」と3行に変更し、[塗り]は白、[フォント]は[Hiragino]などOS標準で設定できるもの、[フォントサイズ]28、[フォントスタイル]を[W6]や[bold]など太めに、[行送り]45程度で整形します❶。背景の長方形と垂直方向、水平方向ともに中央で整えます❷。

余分な線の削除

女の子の画像を配置したときにオブジェクトに設定されていた[境界線]はチェックを外して消しておきましょう。

182

12-4 コンテンツを整える

コンセプトを整える

1 コンセプトのタイトルを［フォントサイズ］23にします。

2 「お客様の〜」の文章は、［エリア内テキスト］の［左揃え］に切り替えましょう❶。アートボードを選択してグリッドを一時的に表示し、グリッドに沿う形でボックスのサイズを調整します。グリッドに吸着されると［W］335になるはずですが❷、グリッドは整数で割り切れない場合ずれたりします。うまく揃わない場合は数値入力で補正して整えます。

3 本文のフォントサイズを設定します。標準テキストとしてアセットに登録した文字スタイルを右クリックして［編集］で開き❶、［フォントサイズ］14、［行送り］24に変更しましょう❷。文字スタイルを活用することで、「コンセプト」ブロック❸以外の標準テキストも自動で変更されます。

COLUMN

半端な数値の調整方法

レイアウトグリッドは必ず設定した通りの正しい数値になるとは限りません。今回使用している6グリッドの場合、余白をすべて20で設定しています。20×7＝140の余白と、375-140＝235のグリッド幅から計算すると、1つのグリッドは39.1666666667という中途半端な数値になります。これはミスではなく、ブラウザ上では余白だけを均一化し、グリッドサイズをリキッド、つまり可変式にすることを想定したレスポンシブWebデザインだからです。このような場合、XDは1だけサイズをずらして辻褄を合わせようとします。割り切れない数値のグリッドを使う場合は、グリッドにすべて合わせておきコーディングでの指示で補完するか、グリッドはあくまで目安としてずれた分は数値で直して使うかになります。本書では数値で調整し、なるべくデザインスペックで抽出しやすい形になるように組んでいます。

Lesson 12 トップページの作成

COLUMN
タイトルと本文の比率

タイトルと本文のフォントサイズによる対比で迷ったときは、いくつか計算方法があります。デザイン概論でも有名な黄金比、白銀比、フィボナッチ数列、そしてWebに見られる8の倍数などです。黄金比やフィボナッチ数列などは自然界にも見られるもっとも美しい比率といわれています。このような計算に基づいて指定された対比は、自然でバランスのよい強弱を表現できるので、基準として用いるとよいでしょう。

黄金比は1：1.618を基準に計算されるもので、仮にフォントサイズが16なら、16×1.618＝25.888、14なら14×1.618＝22.652となります。小数点以下は丸めて、26や23で十分です。白銀比は比率が1：1.414が基準になります。フィボナッチ数列は1,1,2,3,5,8,13,21と、前の数字2つの和の繰り返しです。Webに見られる8の倍数というのは、ディスプレイの解像度が96、720、1024など、すべて8で割り切れる数値で設計されていることに基づいた理論で、シンプルに8の倍数で数値を設計していきます。これらはどれが正しく、どれが絶対に有効というものではありませんが、要所でうまく活用すればデザインを洗練させることができます。

パターンの配置

仕上げに、Lesson06の練習問題で作成したリピートグリッドによるドットパターンを配置します。6-Q1.xdを開いてリピートグリッドをコピー＆ペーストします。コピーの背景に大きさを揃え、コピーの下になるように配置してみましょう。少し[不透明度]を落として60程度にすると自然な感じになります。これでメインビジュアルとコンセプト部分は完成です。

「サービス」ブロック

背景の設定

背景の長方形オブジェクトを選択して❶、アセットのカラーから#ECEDF0をクリックして❷［塗り］に設定し、［境界線］をなしにします❸。

COLUMN
背景でコンテンツの切り替えをわかりやすくする

スクロールして読み進めることが多いスマートフォンでは、コンテンツの切り替え部分がわかりにくくなります。はっきりさせたい場所は、背景色を変更するなどするとスクロール中でもユーザーが現在地を確認しやすくなるので活用してみましょう。

12-4 コンテンツを整える

共通タイトルの設定

1. アセットに登録したタイトル用の文字スタイルを右クリックして[編集]を選択し❶、[フォントサイズ]30、[フォントスタイル]を[W6]など❷太めのものに変更します❸。

2. 色を変更します。残念ながら現状ではアセットのカラーをそのまま文字スタイルに適用できません。そこでアセットのグレーを右クリックして❶[コピー#5A6B71]を実行し❷、文字スタイルの編集に戻り❸[Hex]にペーストして変更します❹。同じ文字スタイルの「NEWS」や「CONTACT」なども色が反映されたことを確認しておきましょう。

サービスタイトル

リピートグリッド内のサービス名部分をダブルクリックで選択し❶、[フォントサイズ]23にします❷。ここはリピートグリッドになっているので、ほかの設定を触る必要はありません。

> **COLUMN**
>
> **フォントスタイルはほかの環境でも確認する**
>
> フォントの太文字は、利用するPCの環境やブラウザなどにより表示が変化します。フォントスタイルの指定で[bold]などの太字を使用する際は、Macで作成しているならばWindowsなどほかの環境でどのように表示されるか、あらかじめコーディング担当者と相談するとよいでしょう。

イメージ画像

1. 画像を選択し❶、枠になっている長方形オブジェクトの[境界線]をなしにします❷。画像の高さを調整し[H]160に変更します❸。

2. 画像の高さを変更したことで、リピートグリッドの重なりがマイナス値になっているので、リピートのマージンを30程度に調整しましょう。

185

Lesson 12　トップページの作成

コンテンツの調整

下に移動すると、リピートグリッドの変更によりコンテンツのレイアウトが崩れているので、ひとつずつ直していきましょう。

1 リピートグリッドのサイズが足りなくなったので、ドラッグして伸ばします。

2 背景のグレーの長方形オブジェクトの[H]を1130程度に修正します。

3 重なってしまった「NEWS」以降のコンテンツをすべて選択しましょう。Shiftキーをうまく使い「SERVICE」のコンテンツは含まず、グレーの背景に隠れた「NEWS」のタイトルを忘れずに選択します。下にドラッグして「SERVICE」のグレーの長方形オブジェクトから40程度距離をとって配置します。

4 アートボードが足りなくなりますので、[レイヤー] パネルで「Home」アートボードをクリックして選択し、下辺のハンドルをドラッグして[H]3818まで領域を下に広げます。これで全体が直りました。このような調整は要所で必ず出てくるので、何度か試して習得しておきましょう。

「ニュース」ブロック

アイキャッチ画像

1 リピートグリッド内の画像をダブルクリックで選択し❶、[境界線]をなしに設定します❷。

2 アイキャッチの写真に角丸をつけましょう。CCライブラリを読み込んだ長方形オブジェクトは角丸用の二重丸は表示されませんが❶、プロパティインスペクターの[角丸の半径]に直接入力することで角丸にできます❷。10と入れてみましょう。

日付と続きを読むテキスト

日付用のテキストと「more」と入れた続きを読むためのテキストを選択し❶、[フォントサイズ]をひと回り小さくして12に設定しましょう❷。

「リクルート」ブロック

背景の設定

1 背景用の長方形オブジェクトを選択し❶、[境界線]をなしにして[塗り]にはアセットのカラーから#ECEDF0のグレーを適用します❷。

2 背景をグラデーションにします。[塗り]から[線形グラデーション]を選択し❶、上部バーの右側ポインターを選択して❷、グレーの色指定を少し薄く#BAC0C6程度にします❸。

Lesson 12　トップページの作成

文章の調整

1 メインのメッセージである「あなたのアイデアが〜」を［フォントサイズ］20、［行送り］30〜34程度に設定します❶。下のエリア内テキストを全文が見えるように大きくします❷。

2 テキストがかぶったので、「RECRUIT」のタイトルとメッセージ部分を Shift キーを押しながら2つとも選択し、上に20動かします❶。「オモイデではクリエイターを〜」のテキストとボタンの2つを Shift キーを押しながら選択し、下に15動かします❷。

COLUMN

色の変化よるバランス

作例では「RECRUIT」の文字の位置を、背景の長方形の上辺から50程度、下辺から55程度にして、下を少し広めに取っています。色は濃いもの・暗いもののほうが重たく・小さく、明るいものは軽く・大きく見えます。この場合は上部が薄く、下部が濃くなっているので、中に置く要素を上下中央に配置すると下に寄って見えます。そこで色の薄いほうに少し寄せてレイアウトのバランスを取っています。色や形が均一でない場合は、数値を揃えても見た目に自然な配置にならないことがあります。ここでは「色が濃い＝小さく見える」ことを覚えておきましょう。

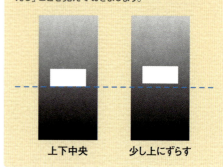

上下中央　　少し上にずらす

ボタンのシンボルの装飾

シンボルのボタンを装飾していきましょう。

1 ボタンの長方形オブジェクトの［角丸の半径］を最大値まで引っ張り、左右を半円にします❶。［塗り］はアセットのカラーから#3695B5のブルーを選択し❷、［境界線］はなしにします。コントラストが低く読みにくいので、テキストを選択して❸、［塗り］を白に変更します❹。シンボルのほかのボタンも変更されていることを確認してください。

2 ボタンに個別のアイコンを配置していきます。アセットのシンボルからメールアイコンをアートボード内にドラッグしましょう。

CHECK!

アイコンはシンボルとは別に配置する

アイコンはシンボルの編集状態で入れないでください。シンボルにアイコンを追加してしまうと、ほかのボタンにもすべて同じアイコンが挿入されてしまいます。シンボルの前面にアイコンを個別に配置していきます。

12-4 コンテンツを整える

3 アイコンを加えたことで、ボタン内の左右の配置バランスが変わりました。シンボルのテキストをダブルクリックして選択し、右に10ほど移動させてアイコン分のバランスを調整します。

4 黒いアイコンでは視認性が低いので[塗り]と[境界線]ともアセットのカラーから黄色を選択します。

CHECK! シンボルを確認する

シンボルなのでほかのボタンもテキストが右に10ほどずれていれば問題ありません。もしほかのボタンにもアイコンが入っているなら一度アイコンを削除して、全体の選択を解除してシンボルの外にアイコンを配置し直します。

「コンタクト」と「アクセス」ブロック

同様にボタンのアイコンを配置すれば完成です。これはこのあと練習問題としてやってみましょう。

全体完成図

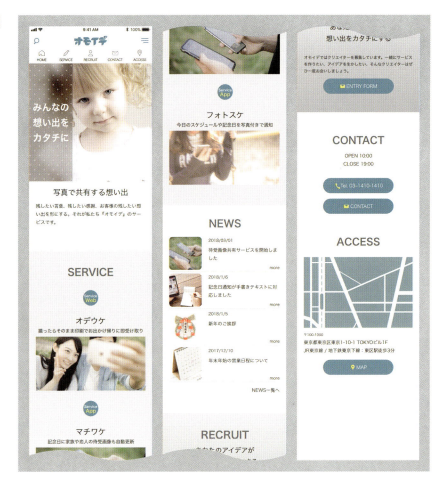

Lesson 12 トップページの作成

lesson12 — 練習問題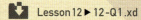

「コンタクト」ブロックと「アクセス」ブロックのコンテンツを整えて
[Home] アートボードを完成させましょう。
営業時間のテキストを2行にして、3つあるボタンのテキストを個別に変更します。
ボタンにはアセットからそれぞれのアイコンを配置して色を黄に変更します。
最後にフッターを配置すれば完成です。

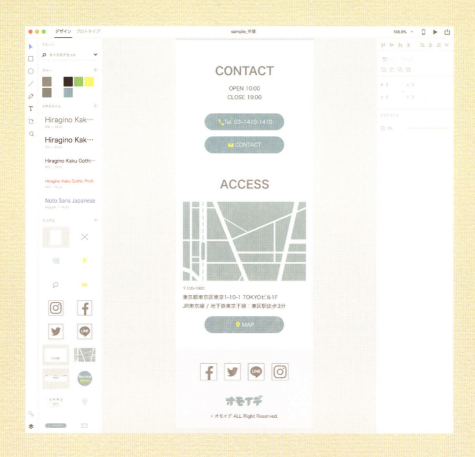

❶「CONTACT」の営業時間の表記に改行を入れて整えます。

❷「CONTACT」にある2つのボタンには、アセットのシンボルから「電話」のアイコンと、「メール」のアイコンを順に配置します。「電話」のアイコンは目立つように[塗り]をアセットの黄(#FFEB00)に変更します。ボタンのテキストを「Tel. 03-1410-1410」「CONTACT」に変更します。

❸「ACCESS」ブロックのボタンにはアセットのシンボルから「ピン」のアイコンを配置し、こちらも[塗り]を黄(#FFEB00)に変更します。ボタンのテキストは「MAP」に変更します。

❹アセットのシンボルからフッターをドラッグで配置し、アートボードの下端に揃えて完成です。

フォームや表の作成

An easy-to-understand guide to Adobe XD

Lesson 13

下層ページはトップページで作成したデザインやパーツを流用することも多いですが、表組みや一覧表示などトップページでは現れないデザインも発生します。ここではすでにある素材を使ったレイアウトの変更や、下層ページ独自の項目を作る練習をしてみましょう。

Lesson 13　フォームや表の作成

13-1 詳細ページを作成する

サンプルサイトではサービスの詳細ページを一例だけ用意しています。見た目だけをつくるデザインカンプとは異なる、プロトタイプを意識したプロトタイピングツールならではの使い方を学んでいきましょう。

「サービス」説明ページの制作

 Lesson13 ▶ 13-1.xd

詳細ページの[Service]には「サービスの説明」「料金の一覧表」「メールフォーム」を組み込んでいきます。サンプルファイルの[Service]アートボードにはあらかじめコンテンツのベースがトップページよりも詳細に入れてあるので、装飾をしながらXDの操作の復習と応用を進めていきましょう。最初にサービスを説明するブロックを作成していきます。

サービスロゴを配置し説明文を整える

1　トップページ同様、ヘッダー要素を[Nav]アートボードからコピー&ペーストして配置します。

2　CCライブラリから[オデウケ]のロゴを上部にある長方形オブジェクトにドラッグ&ドロップして配置します。

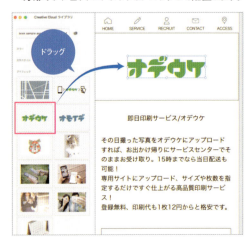

3　背景にはトップページ[Home]でも使用したドットのパターンをコピー&ペーストで配置します。ここでは[不透明度]100%にしておきましょう。

CHECK!
重ね順を変更する

ロゴがドットの後ろになってしまった場合は、ドットのリピートグリッドを右クリックして[重ね順]→[背面へ]を繰り返して修正してください。

192

4 テキストの設定をしましょう。本文の「その日撮った写真を〜」❶は、アセットに登録されている標準テキスト用の文字スタイル（［フォントサイズ］14）を適用します❷。タイトルの「即日印刷〜」❸は、トップページ同様［フォントサイズ］23にします。これをページのタイトル用の文字スタイルとして使う可能性が高くなったので、アセットに登録しておきましょう❹。

イラストの配置

CCライブラリから［素材-オデウケ］のイラストを説明文の下に配置します❶。説明文のフォントサイズを下げたので、上に40ほどずらして余白を調整しておきましょう❷。

CHECK!
文字スタイルの適用もれに注意

よく使うようになった文字スタイルをあとからアセットに登録した場合は、それ以前に作成したテキストが本当に同じ設定になっているか確認しましょう。それには文字スタイルを編集してみて、変更が該当箇所すべてに適用されるかを見ます。試しにタイトル用の文字スタイルを右クリックして［編集］を選択して色を赤に変えてみましょう。するとメインビジュアル下のコピー「写真で共有する想い出」だけ色が変わりません。実は、ここは［フォントサイズ］23ですが［行送り］を20で作成しています（ほかは［行送り］24）。こういう場合は、このテキストを選択して、アセットからタイトル用の文字スタイルを再度適用しておきましょう。

Lesson 13 フォームや表の作成

13-2 リピートグリッドで料金表を作る

リピートグリッドはコンテンツの繰り返しだけでなく、
表などリストを作成する際にも活躍します。ここではよくある料金表を、
リピートグリッドを使って簡単に作成する手順と注意点を確認していきます。

「料金」ブロックのデザイン

Lesson 13 ▶ 13-2.xd

タイトルの文字スタイルの適用

タイトル「料金」のテキストを選択して❶、アセットに先ほど登録したタイトル用の文字スタイルを適用します❷。

コンテンツの区切りをわかりやすく

上のサービス説明文と料金表の間には区切りがありません。一度プレビューを利用してバランスを確認してみましょう。スクロールしてみると、コンテンツの切り替わりがはっきりしません。そこで、トップページでも活用した背景色による強調をしましょう。

1 料金の背景に[W] 375 [H] 280の長方形オブジェクトを描きます❶。すでにあるコンテンツが隠れて見えなくなるので、右クリックして[重ね順]→[最背面へ]で背面に送りましょう❷。

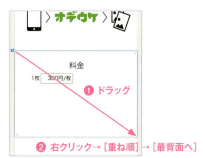

2 [塗り]にアセットのカラーから#ECEDF0を選択し❶、[境界線]はなしにします❷。

3 再びプレビューで見てみましょう。先ほどよりもコンテンツの切り替えがはっきりとしたことがよくわかります。

CHECK!

プレビューしながらデザインを進める

プレビューで実際の見え方を確認し、その場でデザインの調整を加えられるのもXDの利点です。ぜひ活用しましょう。

リピートグリッドで表を作成する

「1枚」「300円/枚」の2つのポイントテキストと、
白い長方形オブジェクトを加えた3つをリピートグリッドを使って表にします。

リピートグリッドの作成

1 背景のグレーの長方形が作業の邪魔にならないように、右クリックして❶コンテキストメニューから[ロック]を選択し❷動かないようにしておきます。

2 「1枚」「300円/枚」の2つのポイントテキストと白い長方形オブジェクトを[Shift]クリックで選択し、[リピートグリッド]ボタンをクリックします。

3 右に2つ、下に5つで計10になるようにリピートグリッドをドラッグして広げます。

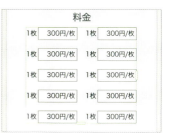

CHECK! リピートグリッドはピッタリサイズに

リピートグリッドを広げる時は、なるべくサイズに余計を出さないようにします。サンプルの場合は右辺と下辺の長方形の境界線ギリギリになるように調整しましょう。見えにくい場合は、大まかに合わせてから[W]と[H]で数値で調整するとよいでしょう。

4 料金表のテキストをリピートグリッドに読み込みます。サンプルファイルの「odeuke-plan1.txt」(枚数)と「odeuke-plan2.txt」(金額)をそれぞれポイントテキストにドラッグ&ドロップします。

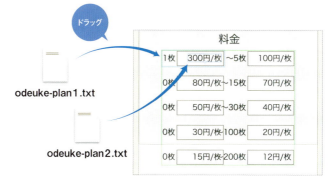

崩れたレイアウトの調整を試す

テキストを読み込んだリピートグリッドは、要素が重なったり左側が切れてレイアウトが崩れています。あらかじめ想定していたよりも文字数が増えたためです。そこで、もっともはみ出している部分、ここでは一番下の列の「～150枚」の部分を使ってレイアウトの調整を試してみましょう。

1 「～150枚」「15円/枚」と白い長方形オブジェクトの3つの要素を選択し、まとめて右に移動します。すべての要素を囲う青いガイドが出るので、左端がリピートグリッドの緑の外枠内にちょうど収まるようにします。揃ったら一度リピートグリッドの外をクリックして選択を解除します。

Lesson 13　フォームや表の作成

2　再びリピートグリッド内の任意の要素をクリックします。マウスオーバーしてグリッドの間隔を示すピンクのガイドを探すと、右にずれた中途半端な位置に表示されます。

位置がおかしい

CHECK!
間隔の位置の不具合

リピートグリッド内の最初の基準点をずらしたため、リピート位置まで動いてしまったのです。この挙動は右寄せのテキストを頭に使用した場合に見られます。こうなったら目測で位置調整をするか、正確な配置をしたい場合は一度リピートグリッドを解除して作り直す必要があります。

リピートグリッドを再作成する

テキストを置き換えたときのことを考えてリピートグリッドの要素の幅や高さを設定しておくため、一度リピートグリッドを解除して、一番長いテキストに合わせて作り直しましょう。

1　[グリッドグループを解除]ボタンでリピートグリッドを解除します。

2　コンテンツのうち一番横幅がある「〜150枚」「15円/枚」と白い長方形オブジェクトの3つの要素以外はすべて削除し、これらを元の「1枚」のあった場所に移動します。レイアウトグリッドを表示して位置を決めるとよいでしょう。

3　「〜150枚」をポイントテキストからエリア内テキストに変更します。これによってテキストの長さでエリアの横幅が変わることを防げます。

196

13-2 リピートグリッドで料金表を作る

4 「〜150枚」「15円/枚」と背景の長方形オブジェクトの3つの要素を選択して再びリピートグリッド化して、右に2列、下に5行の10個に増やします。「odeuke-plan1.txt」（枚数）と「odeuke-plan2.txt」（金額）のファイルからテキストを入れ直します。

5 リピート間隔のガイドを確認すると正常に表示されています。

6 左右の間隔ガイドをドラッグして5にすると、表全体がアートボードの左右中央に配置されるようになります。

7 上下の間隔は2に設定します。背景のグレーの中に表全体が収まるようになります。

8 要素のデザインを統一しましょう。白い長方形オブジェクトの［塗り］をアセットのカラー #3695B5 にし❶、［境界線］をなしにします❷。

9 中の単価を示すテキストの［塗り］を白にして、料金表の完成です。リピートグリッドは単純な機能ですが、写真やボタンの繰り返し以外にも、このような表でのレイアウトにも活用できます。

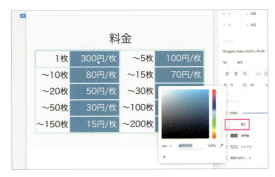

13-3 入力フォームの作成

入力フォームはユーザーがストレスを感じる可能性が高い箇所です。
そのためUIを考慮した設計が非常に重要となります。
作業としての手順だけでなく、UIの考え方も学んでいきましょう。

入力フォームの作成

Lesson 13 ▶ 13-3.xd

タイトルと補助テキスト

「ご利用登録」のテキスト❶にアセットからタイトル用の文字スタイル（[フォントサイズ] 23）を適用します❷。下の補助テキスト「全て入力してください」❸にアセットのカラーから#3695B5を適用し❹、[フォントサイズ]を12にします❺。

「ご利用登録」フォームの作成

1 入力項目のラベルのテキスト「お名前」❶は、アセットから標準テキスト用の文字スタイル（[フォントサイズ] 14）を適用します❷。少し高さが変わるので、右の長方形と整列で揃えておくとよいでしょう。入力エラー通知用の「通知」のテキスト❸は[フォントサイズ] 10で最小に設定します。「お名前」「通知」と長方形オブジェクトの3つの要素をまとめてリピートグリッド化します❹。

2 リピートグリッドを下に4つリピートさせます❶。リピートの上下の間隔は10にします❷。

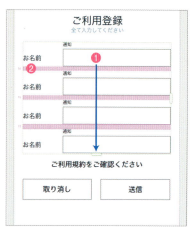

3 入力用の長方形オブジェクトを選択し❶、角丸を5程度にします❷。アセットのカラーの#5A6B71を右クリックして[境界線に適用]を選択し❸、[境界線]の色に設定します❹。

13-3 入力フォームの作成

COLUMN

差別化と統一

サンプルサイトでは大きな角丸を適用しているものをボタンとして利用しています。入力用の長方形オブジェクトを同じ大きさの角丸にすると、どの図形がどの役目を果たすのかがわかりにくくなり、見る人を混乱させる原因になります。シンプルなデザインに多用される長方形や楕円形のオブジェクトは、用途により形や色の見た目を統一しましょう。クリックできるもの、入力できるもの、触ることのできない装飾長方形など、役目が異なるオブジェクトは違う形状にしましょう。一方、色については全体の色の調子を崩さないように統一した色を使うようにします。

「利用規約」リンクテキストのデザイン

「ご利用規約〜」のテキスト❶はタップできるリンクテキストを想定しています。［塗り］をはっきりした青（#006CFF）に設定し❷、［下線］を設定します❸。このように機能を示す理由でデザインが明らかに違って、利用頻度の高いものはできるだけアセットの文字スタイルとして登録しておくとよいでしょう。

CHECK!
下線はリンクと判断される

テキストの下線は多くのWebサイトがリンクテキストとして活用しています。そのためほとんどのユーザーは下線のついたテキストは「リンクである」と認識することが多く、強調や装飾の意味でつけた下線であっても、クリックができるものと判断され、誤操作やユーザーのストレスの原因になります。装飾として下線を入れる際はリンクテキストとの違いを明確にする必要があるため、むやみに利用するのは避けましょう。

COLUMN

下線の切れにくい「源ノ角ゴシック」を利用する

XDの［下線］機能は、日本語の場合は利用するフォントにより文字の下部が切れてしまいます。これはフォントのベースラインなどによるデータ上の問題ですが、デザインの意図を伝えるためにはあまりよい状態とはいえません。そこで、下線が切れにくいフォントの1つである「Noto Sans（源ノ角ゴシック）」というフォントでここだけ代用します。一部だけ違うフォントを使用する場合は、なぜそこだけ違うのか、次の工程のコーディングをするエンジニアなどに伝えることを忘れないようにしましょう。

「Noto Sans」はGoogleとAdobeが共同開発したフォントで、配布元により「Noto Sans」や「源ノ角ゴシック」という名前の違いがありますが、中身は同じです。「源ノ角ゴシック」をXDなどAdobeのアプリケーション上で英語表記をする場合は「Source Han Sans」になりますが、これもまったく同じものです。フォントは以下のサイトからもダウンロードできます。

Google / Noto Sans
(https://www.google.com/get/noto/)
Adobe / 源ノ角ゴシック
(https://source.typekit.com/source-han-serif/jp/)

Lesson 13　フォームや表の作成

フォームのボタンのデザイン

入力フォームの[取り消し]と[送信]のボタンとなる長方形は、レイアウトグリッドに沿って作成されています。この2つはトップページで作成したものとは少し変えたデザインにします。

> **CHECK!**
> **確実にボタンに見せる**
> ほかのリンクボタンなどと違い、ここはフォーム入力後の決定ボタンで、少し重要度が高くなります。確実にボタンとして認識させるように実物をイメージさせるデザインの手法を採用します。

1 2つの長方形の角丸を最大の23にします。

2 「取り消し」ボタンは[塗り]を#E0E0E0程度の薄めのグレーにしましょう。

3 [送信]ボタンはアセットのカラーから青(#3695B5)を適用して統一感を出します。背景色とのコントラストを考慮してボタンのテキストは[塗り]を白に変更しておきましょう。

4 [送信]ボタンにグラデーションをかけます。[塗り]から[線形グラデーション]を選択し❶、上部バーの右端の色を選択し❷、左端の色より少し暗い青(#2C7C96)にします❸。

5 [取り消し]と[送信]の2つのボタンを選択し[シャドウ]にチェックして適用します❶。初期設定では見えにくいので、[不透明度]を30%❷、[Y](縦の位置)を2、[B](ぼかし)を0にします❸。少し立体的に見える効果がつきます。

6 作成した2つのボタンは、次の工程のためにアセットにシンボルとして登録しておきます。

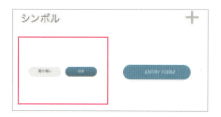

> **COLUMN**
> **フラットデザインと機能性**
> 現在多く見られるフラット(平面的)デザインをベースとしたシンプルな表現は、機能を示す面が弱くなりがちで、ボタンとして認識されにくい場合もあります。装飾をし過ぎてしまうと見た目のバランスが悪くなりますが、グラデーションをつけたり、影をつけるなどして立体感をもたせることで、強調の意味も含めてボタンらしさを出すことも考えましょう。

7 入力項目のラベル「お名前」に、ファイル「form-name.txt」のテキストをドラッグ&ドロップして読み込ませます。

フッターパーツのペースト

最後に共通パーツとしてフッターをアセットのシンボルからドラッグして配置します。これで［Service］ページが完成です。

COLUMN

間違えにくいボタン配置

Webサイトの場合は、テキストを左から右に読み進めるのが一般的です。ユーザーは画面の左上から右下へと視線を移動させて操作を進めます。［キャンセル］や［決定］という意思決定をさせるボタンは、それにしたがい、左は「戻る」右は「進む」という意味を持った要素を配置するのが自然です。左右が逆転し、左に［決定］右に［キャンセル］が配置されていると、誤タップの原因となります。このような人の行動や心理に基づく考慮もデザインには必要となるので、さまざまな角度からレイアウトや配色を考える癖をつけるようにしましょう。

COLUMN

アクセシブルな配色を考える

Webサイトの色のコントラストは最低ラインとして「コントラスト比4.5:1」に設定しようというガイドラインがあります。これはWeb Content Accessibility Guidelines (WCAG) という、Webのコンテンツをアクセシブル、つまり障がいを持つ人を含め利用者にとって使いやすいWebサイトをめざすためのガイドラインです。コントラスト比での説明はわかりにくいですが、簡単にいえば「見えにくい配色はしないほうがよい」ということです。実際にはモノトーンに変更したり、P型やD型といった色覚のテストモードで表示して確認して調整をすることもありますが、もっとも簡単な方法はコントラストをチェックできるアプリケーションなどを利用することです。「Color Tester (http://alfasado.net/apps/colortester-ja.html)」というシンプルで無料で使えるツールがあり、MacでもWindowsでも利用できます。あくまでガイドラインですので強制はされませんが、デザインをよりよくするためにできることから始めていきましょう。

Lesson 13　フォームや表の作成

13-4 記事一覧ページの作成

ニュース一覧のページを作成してみましょう。要素の種類としては
パターンで表示される記事一覧と、ページャーと呼ばれる一覧ページ独自の
「現在地や前後ページへのリンク」をまとめたボタンの2種類です。

記事一覧の作成

Lesson 13 ▶ 13-4.xd

記事一覧ページは[News]のアートボードです。
既存のアートボードの要素を利用して編集しましょう。

1 ヘッダー要素を[Nav]アートボードからコピー&ペーストし❶、一覧の元となるリピートグリッドを[Home]アートボードからコピー&ペーストします❷。

2 タイトルなどコンテンツがかぶってしまう部分があるので、ヘッダー部分から30ほど離してレイアウトを調整しましょう。

リピートグリッドのレイアウトの変更

このままでも一覧表示は可能ですが、画像やレイアウトを変更してみましょう。1行ずつ表示する現在の並びから、このように左右に並ぶ2列表示のものに変更します。

202

13-4　記事一覧ページの作成

1　レイアウトグリッドを表示し、移動の基準にします。アイキャッチ画像をレイアウトグリッド3列分に広げます。Shiftキーを押しながら正方形を維持してドラッグします。

2　下のリピート部分との間隔の調整をしておきましょう。テキスト類を画像の下に入れるので、思い切って広めに取るようにします。

3　「日付」「タイトル」「more」の3つのテキストをShift＋クリックで選択し、画像の下、余白を5程度とった場所に移動させます。整列を使うと位置関係が崩れる可能性があるので、ガイドに沿ってフリーハンドで移動すれば問題ありません。

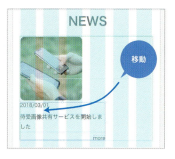

4　「タイトル」のエリア内テキストの幅をレイアウトグリッド3列分に揃えます。「more」の位置も3列目グリッドの右端に揃えましょう。

5　薄いグレーの区切り線は幅をグリッド3列分の幅にして「more」の下に移動し、余白5をとって配置します。

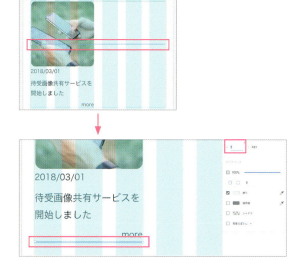

CHECK!
数値で高さを直す
細いオブジェクトはうまく横幅だけを変更できないことがあります。幅だけをまず合わせ、そのあとにプロパティインスペクターから直接数値で[H]1に直すとスムーズです。

フォームや表の作成　Lesson 13 / 14 / 15

Lesson 13　フォームや表の作成

リピートグリッドサイズの調整

1 繰り返しの元ができたので、一度リピートグリッドを画面に収まるサイズに縮めておきましょう。

画面範囲に縮める

3 リピートグリッドの幅を2列のコンテンツの幅に合わせます。グリッドの誤差矯正が働き右側の画像の端が切れたようになるので、うまくドラッグできないときは数値で［W］に335と入れるとスムーズです。

ガイドとずれる

2 リピートグリッドの幅を再調整します。一度リピートグリッドの右端を2つ目のコンテンツが見える範囲まで広げ❶、リピートの余白を20に再調整します❷。

2つ目が見えるまで

4 上下のリピートの間隔は小さめの10にして❶、全体で8つの繰り返しになるようにリピートグリッドを下に広げます❷。アートボードも［H］1582に広げます❸。

❶リピート間隔10
❷リピート8つまで広げる

PC用レイアウトにも変更できる　CHECK!

リピートグリッドを利用すると、このように同じ要素のレイアウト変更が効率よくできます。スマートフォンからPC用レイアウトへの対応などもスムーズにできますので活用しましょう。

204

13-4 記事一覧ページの作成

ページャーの作成

ページャーとは、同じ形式のページが複数存在する記事系の一覧ページや詳細ページで、ページからページへ移動するボタンや現在地を示すリンクのまとまりのことです。ここではシンプルに前後へのページ移動と、現在地の前後1ページずつ数値を表示するページャーを作ります。

1 記事一覧のリピートグリッドの下に、正方形を[W]30[H]30で作成して[境界線]をアセットの青（#3695B5）にします❶。[フォントサイズ]16、[中央揃え]の和文フォントで「1」とポイントテキストを入力します❷。2つの要素は整列させ、垂直水平ともに中央揃えにしておきましょう❸。2つをリピートグリッド化します❹。

2 リピートグリッドを右に広げ5つにします（間隔は20）❶。コンテンツの右端にリピートグリッドのラインを揃え、アートボードの水平中央に整列しておきましょう❷。

3 両端は全角の「＜」と「＞」にして、連続した数字を入れると、ページャーのベースができます。

現在地の色を変える

現在地を示す1箇所だけページャーの色を変えます。リピートグリッド内のオブジェクトは個別に色の変更ができません。シンボルもテキストは個別に変更できますが、オブジェクトは個別に変形ができません。

1 リピートグリッドを解除します。

2 2番目のユニットの正方形の[塗り]をアセットの青（#3695B5）にし、テキストの[塗り]を白にします。

フッターパーツの挿入

最後にアセットのシンボルからフッターをドラッグして配置すれば、[News]ページの完成です。

205

Lesson 13　フォームや表の作成

lesson 13 — 練習問題

 Lesson 13 ▶ 13-Q1.xd、news-single.txt

図のような「サービスの詳細」ページを
[News – single] アートボードに作成しましょう。
これまで作成した画像の配置やテキスト指定などを活用します。
作成する手順は大きく変わりませんので、
ひとつずつ作業を確認しながらつくってみましょう。

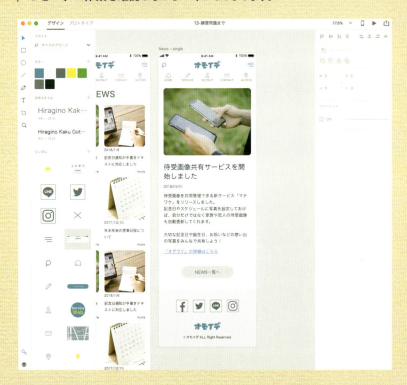

❶写真の配置枠として [長方形] ツールで [W] 335 [H] 250 の長方形を描き、[すべての角丸に同じ半径を使用] 10 の角丸にします。そこに CC ライブラリの「book sample assets」から「二台のスマホ」の写真をドラッグして配置します。
❷「news-single.txt」のファイルからテキストをコピー＆ペーストしながら、タイトル、日付、本文、リンクテキストを作成します。すべて左揃えでレイアウトグリッドの左端に揃えます。
● タイトル (エリア内テキスト)：
　[フォントサイズ] 26、[塗り] #1D2C31
● 日付 (ポイントテキスト)：ニュース一覧のものと同じ [フォントサイズ] 14、[塗り] #1D2C31
● 本文 (エリア内テキスト)：
　[フォントサイズ] 16、[塗り] #1D2C31

❸リンクテキスト (ポイントテキスト) は、アセットに登録した文字スタイルから、リンク用の下線付きの青い文字スタイルを適用します。
❹テキストの下にニュース一覧へ戻るためのボタンを配置します。「NEWS 一覧へ」(ポイントテキスト) と [フォントサイズ] 16 で入力し、[W] 200 [H] 45 で [すべての角丸に同じ半径を使用] 23 にした長方形を [塗り] #E0E0E0 で作成し、2 つを垂直水平とも中央揃えに整列します。
❺アセットからヘッダーやフッターの共通パーツを配置して、全体のレイアウトを整えれば完成です。

206

プロトタイピングとデータの整理

An easy-to-understand guide to Adobe XD

Lesson 14

スマートフォンのデザインでは常にUIを意識してデザインを進めていきます。ここではスマートフォン独自の見せ方や、実際の操作の操作に基づいた表現など、レイアウトや装飾以外のデザインの部分と、プロトタイプの完成までを説明していきます。

Lesson 14　プロトタイピングとデータの整理

14-1 サイトのインタラクションを設定する

プロトタイプのベースとなる全体のインタラクションを設定していきます。
Lesson09で学んだインタラクションの設定に加えて、
スマートフォン独自の動きを考慮して設定していきましょう。

ナビゲーションのインタラクションの設定

 Lesson14 ▶ 14-1.xd

[Nav]アートボードを元に、ヘッダー部分のナビゲーションのインタラクションを設定していきます。モードを[プロトタイプ]に切り替え❶、[Nav]のアートボードを確認します❷。

1　ヘッダー右上にあるメニューアイコンを選択し❶、[ターゲット]を[Nav-open]に設定❷、[トランジション]を[下にスライド]にします❸。

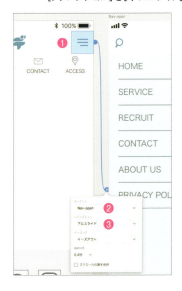

2　「オモイデ」のロゴ部分を選択し❶、[ターゲット]を[Home]に設定❷、[トランジション]を[ディゾルブ]にします❸。

COLUMN

選択しにくいオブジェクトの選択

グループ化されたオブジェクトや、隣接して複数のオブジェクトが重なっている場合は、タップ元になるオブジェクトを選択しにくくなります。隣接している場合はマウスを重ねた際に目的のオブジェクトが青い枠に囲まれたところをクリックしましょう。またシンボルやリピートグリッドなどグループ化されている中に目的のオブジェクトが存在する場合は、その箇所が同じ青い枠で囲まれた状態でダブルクリックすると選択できます。

14-1 サイトのインタラクションを設定する

3 [Nav-open]アートボードに移動し、右上と下にある2つの閉じるアイコンに[ターゲット]が[ひとつ前のアートボード]のインタラクションを設定します。

4 プレビューで確認してみましょう。メニューアイコンをタップ（クリック）すると、[Nav]アートボードに重なるように、[Nav-open]のアートボードが上からスライドして表示されてくれば問題ありません。

サイトコンテンツのインタラクション

サンプルサイトで作成ずみのページへインタラクションを設定します。

1 ヘッダー2段目のメニューバーにある5つのアイコンのうち、4つはページ内での移動を想定しており、ページ移動のリンクは[Home]だけです。アイコンを含む[HOME]ボタンを選択し❶、[ターゲット]は[Home]アートボードに設定❷、[トランジション]を[ディゾルブ]にします❸。

2 [Home]アートボード内の「SERVICE」にある3つのサービスのうち、「オデウケ」に[Service]ページへのリンクを設定します。一度[デザイン]モードへ戻り、「オデウケ」を含むリピートグリッド内に長方形オブジェクトを描画し❶、[塗り]と[境界線]をなしに設定します❷。

COLUMN　操作対象の領域を考える

「SERVICE」の項目のようにバッジ・タイトル・本文・アイキャッチ画像などがグループで1つの単位になっている場合、実際のWebサイトでは要素のどれかひとつからではなく、すべての範囲をタップエリアとして、選択しやすくすることを考えます。XDではオブジェクトやテキストが存在しない領域にリンクを設定することができないため、項目全体をタップエリアとするために長方形オブジェクトを作成します。

Lesson 14　プロタイピングとデータの整理　　14-1　サイトのインタラクションを設定する

3 モードを［プロトタイプ］に切り替え、「オデウケ」を囲む長方形を選択してインタラクションを指定します。［ターゲット］は［Service］に設定❶、［インタラクション］は［ディゾルブ］❷にします。

COLUMN
リンク元がわかりやすいデザイン

今回のような「ボタンとしてのデザインがない」場合や、記事一覧の「more」のように小さなテキストの場合は、うまくタップできないとストレスの原因になりかねません。リンク元のデザインは、まず「リンクと気づけるか」「タップ（クリック）する範囲はどこからどこまでか」を考えて設計しましょう。その点では、この「SERVICE」のリンク元は「リンクとしての気づき」が与えられない可能性が高く、改善の余地があるといえます。

メニューの複製

各ページのヘッダー部分に、あらかじめ作成しておいた［Nav］アートボードのヘッダーを貼り直していきます。

1 ［Nav］と［Nav-open］以外のすべてのアートボード上のヘッダーエリアを一度削除しましょう。

2 ［Nav］アートボードでメニューアイコンを含むヘッダー部分をすべて選択しコピーし❶、各アートボードへペーストします❷。全体を確認して、すべて位置はアートボードの上端に揃い、ターゲットも保持したままであれば問題ありません。

CHECK!
インタラクションがコピーされない

バージョンアップのタイミングにより、インタラクションがコピーされないバグが報告されています。

210

14-2 UIの動きを疑似的に表現する

近年のサイトは情報をただ表示するだけではなく、電話をかけたり、アプリを起動したりと、さまざまな動きをします。実際のスマートフォンの動きに沿ったプロトタイプをつくっていきましょう。

電話の発信画面を用意する

 Lesson14 ▶ 14-2.xd、ui-kit.xd

オリジナルのUIキットを配置する

スマートフォンやPCではWebサイト上に表示された電話番号から直接電話をかけることができます。ここではスマートフォンの電話の発信表示を仮想で入れていきます。11-1でダウンロードしたXDのUIキットにはさまざまなUIが用意されていますが、残念ながら日本語に対応したパーツは用意されていません。そこで本書では独自の日本語UIキットを用意しましたので、それを利用していきます。

1 [Home]アートボード名をクリックして選択し、⌘＋Cでコピーし❶、⌘＋Vでペーストすると❷、アートボードの一番最後にコンテンツごと複製されます。

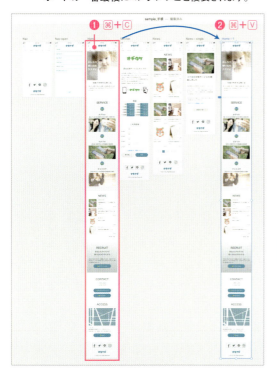

2 複製したアートボード名をわかりやすく「Home-UI-tel」に変更しましょう。

3 サンプルファイルの「ui-kit.xd」を開きます。[tel]と[type]の2つのアートボードに日本語UIが入っています。[tel]のアートボード内のコンテンツをまとめて選択し、コピーしましょう。

4 作業中のデザインファイルに戻り、[Home - UI - tel]アートボード上にペーストします。

CHECK! 別ファイルのシンボルもシンボルに登録される

[tel]アートボードの構成要素は、アセットにシンボルとして登録されています。「Screen Dimming Overlay」「UI-tel」の2つです。これをコピー＆ペーストすると、ペースト先のファイルのアセットにも自動的にシンボルとして登録されます。XDではファイルをまたいだシンボルのコピーもできるので覚えておきましょう。

Lesson 14 プロトタイピングとデータの整理

5 ペーストしたUIシンボルをアートボード下部の「CONTACT」にある電話番号のボタンにちょうど重なるように移動させます。

6 背景のグレーのシンボルだけを選択し、[H]を上下に2倍程度に広げておきます。

インタラクションの設定

モードを[プロトタイプ]に切り替え、インタラクションを設定します。

1 [Home]アートボードの電話番号（「Tel. 03-1410-1410」）の入ったボタン全体を選択し❶、[ターゲット]を[Home - UI - tel]に設定❷、[スクロール位置を保持]にチェックをします❸。

2 [Home - UI - tel]アートボード上のグレーの背景（またはアートボード全体）の[ターゲット]を[ひとつ前のアートボード]に設定します。

212

14-2　UIの動きを疑似的に表現する

3 プレビューして確認してみましょう。[Home]の「CONTACT」の部分までスクロールし、電話番号ボタンをタップ（クリック）します。電話の発信表示に切り替われば成功です。画面上のどこかをタップすれば、通常の[Home]画面に戻ります。

CHECK!
スクロール位置を保持の応用

インタラクションの[スクロール位置の保持]は、このような擬似表現に活用できます。スライド位置により発信の表示は上下に多少ずれますが、背景のグレーは電話番号のボタンが見えている限りは切れないように上下に伸ばしています。

入力フォームのエラー画面を用意する

入力項目にエラーがある場合の画面を作る

入力フォームの場合、画面遷移だけではなくエラー通知の表現も重要になります。入力にエラーがあった場合の画面を用意しておきましょう。モードを[デザイン]に切り替えてアートボードを準備します。

1 [Service]アートボードをコピー&ペーストで複製します。複製したアートボード名は「Service - error」にしておきましょう。

2 元となる[Service]のアートボードを編集します。フォーム部分の「通知」のテキスト❶を[塗り]をなしにして見えなくします❷。

3 コピーした[Service - error]のアートボードを編集します。エラーとわかりやすいように「通知」❶の[塗り]を赤（#FF0000）に設定します❷。

213

Lesson 14　プロトタイピングとデータの整理

4　エラーメッセージはサンプルファイルの「error.txt」に用意してあります。リピートグリッド内の「通知」ポイントテキストにドラッグしてテキストを差し替えます。

5　[選択範囲から文字スタイルを新規作成]ボタンをクリックし❶、これをエラー表示用の文字スタイルとしてアセットに登録しておきましょう❷。

6　リピートグリッド内のテキストエリアを選択し❶、[塗り]を薄い赤(#FFF0F0程度)に設定します❷。

7　「送信」ボタンの下にポイントテキストで「入力漏れがあります」と入力し❶、アセットの文字スタイルから先ほど登録したエラー表示用の文字スタイルを適用します❷。

インタラクションを設定する

モードを[プロトタイプ]に切り替え、インタラクションを設定します。

1　[Service]アートボードの「送信」ボタンを選択し❶、[ターゲット]を[Service - error]に設定❷、[スクロール位置を保持]にチェックします❸。

2　[Service - error]アートボードは[ターゲット]を[ひとつ前のアートボード]に設定します。

214

14-2　UIの動きを疑似的に表現する

3　プレビューして確認しましょう。「送信」ボタンを押したときに画面遷移にずれがないか、エラー表示が正しいかを確認します。

テキスト入力中の画面を用意する

キー入力UIキットの配置

オリジナルUIキットの「ui-kit.xd」を利用して、テキスト入力中の画面表示を作成します。

1　[Service]アートボードをコピー&ペーストで複製します。複製したアートボード名は「Service - UI - type」にしておきましょう。

2　「ui-kit.xd」ファイルを開き、右の[type]アートボードのコンテンツを[選択範囲]ツールでまとめて選択して⌘+Cキーでコピーします。

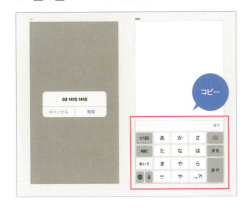

3　作業中のデザインファイルに戻り、[Service - UI - type]アートボード上にペーストします❶。同時にシンボルに登録されます❷。

Lesson 14　プロトタイピングとデータの整理

4 ペーストしたシンボルを「ご利用登録」の入力フィールドの下にくるように移動させます。

5 移動したシンボルをダブルクリックして編集状態にし、ボタン背景の下部分のグレーのオブジェクトを選んで下方向に[H]を伸ばし、リンク元のスクロール位置が多少ずれていても背景が切れないように余裕をもたせます。

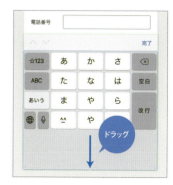

インタラクションを設定する

モードを[プロトタイプ]に切り替え、インタラクションを設定します。

1 [Service]アートボードの「ご利用登録」の入力フィールド全体を選択し❶、[ターゲット]を[Service - UI - type]に設定❷、[スクロール位置を保持]にチェックします❸。

2 [Service - UI - type]アートボードは[ターゲット]を[ひとつ前のアートボード]に設定します。

3 プレビューして確認します。

CHECK!
疑似的にUIを再現

テキスト入力のUIパネルは本来画面の下部に固定して表示されます。テキストボックスが4つあり、スクロール位置の幅があるので、場合によっては表示位置のズレが顕著になりますが、背景やコンテンツの位置を調整するなどして、できるだけ違和感を減らすようにしましょう。デザインによって正確な位置では表現できないことが多くなりますが、実際に近いUIの動きが手軽に再現できます。

14-2 UIの動きを疑似的に表現する

COLUMN

入力時のUIに問題ないかを確認する

テキスト入力や項目選択のときは、画面内の一部が入力UIによって隠れることになります。実際の入力時の状態を擬似的に再現することでチェックしましょう。見えなくなる範囲がどのくらいか、入力時に説明文が確認できるかなどです。なお、テキストの入力パネルや、選択肢から選ばせるセレクトボックスなどのデザインは、スマートフォンのOSにより異なります。OSのUIを考慮したレイアウトが重要ですので、メインとなるOS（iOSやAndroidなど）はバージョンを含めてあらかじめどれにするかを決めておきましょう。

全体のプレビュー確認

これでプロトタイプは完成です。プレビュー機能で全体を確認してみます。
- **スクロールの向きやスピードは自然か**
- **タップエリアのサイズは適切か**

を中心に、各ページの関連性が間違っていないかを確認しましょう。また実際にスクロールすることで、コンテンツの文字サイズや行送り（行間）、色などを見て、読みにくさや触りにくい箇所がないか検証しましょう。

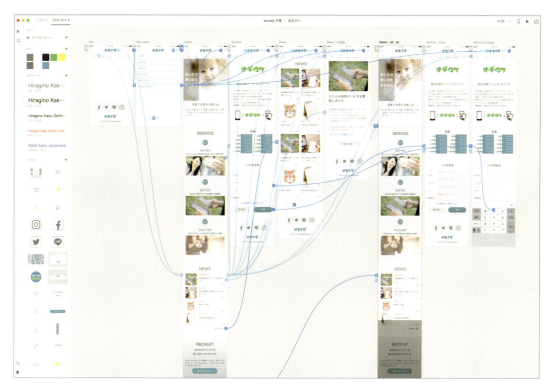

Lesson 14 プロトタイピングとデータの整理

14-3 データの整理と確認

これまででひとつのWebサイトをデザインする工程を学んできました。
最後に、作成したデータをあらためて整理して、
素材の書き出しや受け渡し用のデータをまとめていきましょう。

書き出し対象のコピーと命名

 Lesson14 ▶ 14-3.xd

素材を書き出す前に、各グループやオブジェクトなどに名前をつけておきましょう。必須の作業ではありませんが、データを他者へ渡した際にはこのような名前があるかないかで、あとの作業工程のスムーズさに違いが出てきます。

書き出し用のパーツをまとめる

新規でアートボードを作成し、そこに書き出すパーツをまとめていきましょう。[アートボード]ツールを選択して右側のテンプレート一覧から[iPhone 6/7/8]をクリックするか、ペーストボードをクリックして[Nav]アートボードの左にアートボードを新規作成しましょう。わかりやすくアートボード名を[書き出し用]と変更します。

マスクグループ

1 ロゴやアイコンなど、CCライブラリから長方形オブジェクトなどにドラッグで配置されたものは「マスクグループ」という名前になっています❶。最低限の書き出し用として、ここでは「『オモイデ』ロゴ」「『オデウケ』ロゴ」「オデウケのイラスト」を3つ選択し、[書き出し用]アートボードにコピー&ペーストしておきます❷。

2 書き出し後を考えて名前を変更します。

- ●『オモイデ』ロゴ → logo-omoide
- ●『オデウケ』ロゴ → logo-odeuke
- ● オデウケのイラスト → odeuke-illust

CHECK! [バッチ書き出しマーク]をつけておく

書き出しも考慮して[バッチ書き出しマーク]をクリックで表示しておきましょう(8-2参照)。こうしておくことで、再びデータ上で書き出すものを探したり、選んだりする手間を減らすことができます。

シンボル

アセットのシンボルに登録したものはデフォルトで「シンボル」という名前になります。
サンプルデータはあらかじめ命名されているので、「ペン」や「メール」などの日本語が設定されています。

1 メニューバーのアイコン（5つ）を選択して［書き出し用］アートボードにコピー＆ペーストします。

2 「メニュー」と「メニュー閉じる」のアイコン2つ❶と、［Home］アートボード上にある4つのボタンに表示している3種類のアイコン❷も［書き出し用］アートボードにコピー＆ペーストします。ペーストしたコンテンツの名前を書き出し用に変更します❸。

メニューバーのアイコン
- 家　　　　　→ icon-home
- ペン　　　　→ icon-service
- 人　　　　　→ icon-recruit
- メール　　　→ icon-contact
- ピン　　　　→ icon-access

メニュー表示のアイコン
- メニュー　　→ icon-menu
- メニュー閉じる → icon-close

ボタンのアイコン
- メール黒　　→ btn-icon-mail
- 電話　　　　→ btn-icon-tel
- ピン黒　　　→ btn-icon-mappin

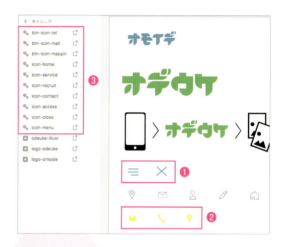

CHECK! ボタンのアイコンは3種類
「ENTRY FORM」と「CONTACT」ボタンにあるアイコンは同じ「メール黒」アイコンを使っています。

リピートグリッド

素材のつくり方によってはリピートグリッドも書き出しの必要があります。ただし、そのまま書き出して利用することは少ないので、コーディング作業の前に確認して必要な部分を必要なサイズで書き出すようにしましょう。

ここで書き出す可能性があるのは、［Home］アートボードのメインビジュアルで使用したドット柄と、同じく［Service］アートボードで使用したドット柄になります。リピートグリッドは初期設定で「リピートグリッド」という名前になっています。［書き出し用］アートボードの［H］を増やしてから、この2つを［書き出し用］アートボードにコピー＆ペーストして、名前を書き出し用に変更してください。

- メインビジュアルのドット　→ dot-mainvisual
- サービスページのドット　　→ dot-pageheader

Lesson 14　プロトタイピングとデータの整理

その他のアイコン

ヘッダーにある「検索」アイコンと、フッターにある各種SNSのアイコンも書き出し対象になります。これらも選択して[書き出し用]アートボードにコピー＆ペーストして下記のように名前を変更し、[バッチ書き出しマーク]をつけておきます。

- 検索　　　　　→ icon-search
- 各種「SNSアイコン」
- フェイスブック　→ sns-facebook
- ツイッター　　　→ sns-twitter
- ライン　　　　　→ sns-line
- インスタグラム　→ sns-instagram

これで[書き出し用]アートボードに書き出し対象が集められ、一覧でわかるようになりました。名前も最適につけ直していますので、8-2で紹介した「バッチによる書き出し」か「選択して書き出し」を実行すれば、続く工程にスムーズに渡すことができます。

COLUMN

書き出す対象の選び方

レスポンシブWebデザインで活用されるアイコンや画像は、CSSで表現できる円や長方形など単純なもの以外はできるだけ書き出しができるようにしておきます。サンプルサイトではアイコン類がほぼすべて対象になります。逆に画像などは書き出してしまうと、ウィンドウサイズが大きくなったときに対応しきれなくなるので、大きく扱う画像や地図などは元データを用意し、コーディングの段階で適切な解像度で表示される処理ができるようにしておきましょう。

制作中に名前をつけておこう

本書では流れを考慮し、事前にシンボルやマスクの名づけを作業に入れていませんでした。
実際の制作では、シンボルの元となるオブジェクトやグループを作成した時点で名前をつけておけば、
シンボル自体にその名前がつくようになります（**7-5**参照）。
あとから［レイヤー］パネルを見たときにわかりやすくなりますので、こまめに登録するようにしましょう。

リピートグリッドとグループの名前の継承

リピートグリッドやグループも、コピー&ペーストで使用すれば名前を継承できます。
名前さえしっかりついてれば、アセットの検索機能で必要なものを簡単に選ぶこともできるので、
その後の作業を見越して名前をつけていく癖をつけておきましょう。

1 ［レイヤー］パネルで任意のリピートグリッドを選び❶、
シンボルと同様にダブルクリックで名前を変更します❷。

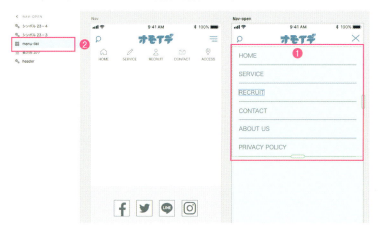

2 ほかのアートボードや、同じアートボード内の別の場所で配置しても、名前が継承されます。

Lesson 14　プロトタイピングとデータの整理

lesson14 — 練習問題

 Lesson14 ▶ 14-Q1.xd

トップページ[Home]にある、ニュース一覧の個別記事の領域から[News - single]ページに、「NEWS一覧へ」テキストから[News]ページへ遷移するプロトタイプを設定しましょう。

❶[Home]のニュース一覧のリピートグリッドの各記事部分に[塗り][境界線]のないタップエリア用の長方形を作成します。
❷[プロトタイプ]モードで、その長方形から[News-single]アートボードへ[ディゾルブ][イーズアウト][0.4秒]でインタラクションを設定します。

❸「NEWS一覧へ」テキストより少し大きいタップエリアとして[塗り][境界線]のない長方形を[H]132[W]45で作成し、そこから[News]アートボードへ[ディゾルブ][イーズアウト][0.4秒]でインタラクションを設定します。

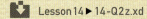 Lesson14 ▶ 14-Q2z.xd

スマートフォン用に作成したデザインから、PC用のデザインにレイアウトを調整しながらリデザインしてみましょう。
リピートグリッドの動きの特徴や、アセットの活用ができていれば、PCとスマートフォンのデザイン変更はさほど難しくありません。
自由課題として、これまで学んだことを試してみましょう。

❶同じファイル内に[アートボード]ツールでWeb用のアートボード[Web 1280]〜[Web 1920]の範囲で任意のアートボードを作成するか、新規ファイルでPC用のアートボードを作成します。
❷スマートフォン用にデザインしていた[Home]のパーツをコピー&ペーストして、PCの表示に合うようにレイアウトを調整していきます。
❸ここでは決まったレイアウト、サイズなどの指定はありませんので、練習のつもりで自由にレイアウトを変更してみましょう。参考に完成見本ファイルをひとつ用意しています。

Photoshopや
サードパーティとの
連携

An easy-to-understand guide to Adobe XD

Lesson 15

XDはPhotoshopやZeplinなどのサードパーティアプリケーションからファイルを読み込むことができます。ここではPSDファイルをXDに移行するためのPhotoshop連携方法や、開発者へのデザイン仕様の受け渡しする際のサードパーティとの連携について解説をしていきます。

Lesson 15　Photoshopやサードパーティとの連携

15-1　Photoshopとの連携

これまでのWebデザインではPhotoshopでデザインカンプをつくる人も多く、PSDデータの利用率はいまも高いといえます。
そこで、XDとPhotoshopのデータ連携方法について整理しておきます。

Photoshopとの連携3つの方法　 Lesson15 ▶ 15-1.psd

PSDファイルのデータをXDに読み込んで、プロトタイプとして活用することができます。
いままでPhotoshopデザインに活用していた人は覚えておきましょう。
次の3つの方法があり、それぞれメリットや注意点があるので用途によって使い分けましょう。

- コピー&ペースト（結合部分をコピー）
- CCライブラリ経由
- PSDファイルを読み込む

コピー&ペースト（結合部分をコピー）

Photoshopでバナーなどを作成した場合、レイヤーの保持は必要なく、画面上で見たままの画像をコピーしてXDで利用したいときがあります。それには［結合部分をコピー］で対応できます。

1　Photoshopでコピーしたい画像の範囲を［長方形選択］ツールで選択します。

2　［編集］メニューの［結合部分をコピー］を実行します。

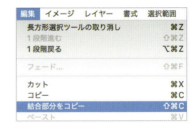

3　XDの画面で、アートボード上にペーストします。

CHECK!　画面表示をそのままコピー

［結合部分をコピー］はPhotoshop上で見えるままの画像をコピーできる機能です。貼りつけ後は結合された画像となりレイヤーは保持されません。通常のコピー&ペーストでは選択したレイヤーの画像しかコピーされませんので注意しましょう。

224

CCライブラリ経由で読み込む

CCライブラリ経由のデータ共有は、3つの連携方法のうちレイヤーの効果を適切な形で読み込める唯一の方法です。Photoshopで作成した素材を背景が透過の状態で利用したいなど、
[結合部分をコピー]では対応できない場合のために覚えておきましょう。

1 ［ライブラリ］パネルが非表示の場合、Photoshopの［ウインドウ］メニューから［ライブラリ］をクリックして表示します❶。利用する任意のライブラリを選択します❷。

2 ［レイヤー］パネルでライブラリに登録したいレイヤーをクリックで選択します。

3 ［ライブラリ］パネルで［+］アイコンの［コンテンツを追加］をクリックします❶。［グラフィック］にチェックして❷［追加］ボタンをクリックしすると❸、選択したレイヤーがライブラリに追加されます❹。

4 XDで［ファイル］メニューから［CCライブラリを開く］を選択して［CCライブラリ］パネルを開きます。先ほどPhotoshopで追加したライブラリを選択すると❶、追加されたレイヤーが反映されています❷。アートボードにドラッグ&ドロップすると❸、Photoshopのパーツを個別に利用することができます。

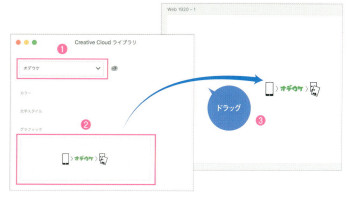

Lesson 15　Photoshopやサードパーティとの連携

PSDファイルをXDで読み込む

個別のパーツを利用するのではなく、PSDファイルのデータをまとめて利用したい場合は、XDで直接PSDファイルを読み込むことができます。この場合、次のような特徴があります。

- Photoshopでレイヤー構造がグループ化されている箇所は、XD内のレイヤーでも同じくグループ化が反映されます。
- アートボードが分かれている場合、XDでもアートボードとして反映されます。
- 直接、文字や位置の編集が可能です。

PSDファイルは次の3つのいずれかの方法で開くことができます。
❶ XDのメインメニューから[開く]を選択する
❷ Photoshopファイルを右クリックして、開くアプリでXDを指定する
❸ Dockやアプリケーションの XD アイコンにファイルをドラッグ&ドロップする

1 ここでは[ファイル]メニューから[開く]を選択します。ファイルを指定するダイアログボックスで「該当のPSDファイル」を選択します。

2 ファイルが読み込まれたら、アートボードごとにそれぞれ反映されるので、内容にズレや漏れがないか確認しましょう。

CHECK!　XDの[読み込み]からは開けない

XDの[ファイル]メニューの[読み込み]からはPSDファイルを選択できないので注意しましょう。

スクロール幅の調整

このままだと[プレビュー]すると画面すべてが表示されるので、ファーストビューのスクロール調整が必要です。

スクロール調整をしていない場合の画面表示。

1 アートボードを選択し、プロパティインスペクターにある、[ビューポートの高さ] Windows は[表示領域の高さ]を900程度に調整します。

2 プレビューすると指定した[ビューポートの高さ]までの部分がファーストビューとして表示されます。

PSDファイルを直接読み込む際にサポートされる機能

Photoshopで生成したスマートオブジェクトは画像として出力されたり、
クリッピングマスクは解除された状態で出力されるなど、XDに読み込むPSDデータには多少の注意が必要です。

Photoshopで使用できる効果や機能	XD上での反映状態	備考
画像	○ すべて反映	
不透明度	○ すべて反映	
グループ	○ すべて反映	
シェイプとパス	△ 一部反映	密度とぼかしはサポートされません。 回転したシェイプは、元のタイプ（四角形、楕円形など）に関係なく、常にパスとして取り込まれます。
フィルター	△ 一部反映	ガウスぼかしのみサポートされます。
シャドウ	△ 一部反映	以下の塗りつぶしはサポートされていません。 ●複数のシャドウ　●シャドウ（内側） 以下のドロップシャドウのプロパティはサポートされません。 ●ブレンドモード　●スプレッド　●輪郭 ●ノイズ　●ノックアウト（抜き）　●アンチエイリアス
グラデーションオーバーレイ	△ 一部反映	以下のグラデーションはサポートされません。 ●角度グラデーション　●反射グラデーション ●菱形グラデーション
境界線	△ 一部反映	グラデーションとパターンはサポートされません。
マスク	△ 一部反映	以下はサポートされません。 ●密度とぼかし　●クリッピングレイヤーのエフェクト レイヤーマスクは、XDではマスキング四角形としてインポートされます。
レイヤー	△ 一部反映	アートボードの可視性は無視されます。 部分的なロックは完全なロックとして扱われます。
アートボード	△ 一部反映	アートボードプリセット、アートボードグリッドおよびガイドは、XDファイルに転送されません。
テキスト	△ 一部反映	以下のテキスト機能はサポートされません。 ●パスに沿ったテキスト ●タイポグラフィー機能：カーニング・拡大縮小・小文字・上付き文字・下付き文字・取り消し線 ●段落スタイル：レイヤー・段落インデントとスペース（前後）・行端揃え ●アンチエイリアシングと言語オプション ●縦書きテキストが横書きテキストとしてインポートされる ●ワープテキスト
スマートオブジェクト	△ 一部反映	すべてのスマートオブジェクトはラスタライズされ、ビットマップとして転送されます。サポートされていないスマートフィルターでフィルター処理されたスマートオブジェクトは、フィルターが適用された状態でラスタライズされます。
文字スタイル	✕ 反映されない	
線の効果	✕ 反映されない	
カラーオーバーレイ	✕ 反映されない	
パターンオーバーレイ	✕ 反映されない	

CHECK！ アップデートを確認

今後のアップデートによる変更点などは、Adobeの公式サポートページ（https://helpx.adobe.com/jp/xd/kb/open-photoshop-files-in-xd.html）に一覧が記載されていますので、確認してください。

Lesson 15　Photoshopやサードパーティとの連携

15-2 サードパーティとの連携

サードパーティとは、XDを開発しているAdobe以外のアプリケーションを指します。
XDと互換性のあるサードパーティ製のアプリケーションと連携させることで機能性をアップし、より快適なワークフローにすることができます。

デザイン仕様の受け渡し

XDでも「デザインスペック」（10-2参照）を使うことで開発者にデザイン仕様を渡すことができますが、ほかのアプリケーションと連携させると、CSSのコードや画像の書き出しまで可能になり、より便利にデータを次の工程に渡すことができます。デザイン仕様の受け渡しに便利なアプリやサービスを紹介します。

Mac版のみ利用可能 CHECK!
XDとサードパーティの連携が可能なのは本書執筆時点（2018年5月現在）でMac版のみです。Windows版では15-2と15-3で紹介するアプリやサービスを利用することはできませんのでご注意ください。

Sympli（無料）　https://sympli.io/

Sympli（シンプリ）はデザイン仕様の受け渡しに特化したアプリケーションです。Sympli自体はブラウザで動きますが、XDのデータをエクスポートするには「Sympli for Adobe XD CC」アプリケーション（https://sympli.io/downloads/xd）をインストールしておく必要があります。

1 Sympliのサイトで［Try for Free］からEmailアドレスを登録してアカウントを取得します。個人の場合、無料で1つのアクティブプロジェクトと3人の共有者の利用が可能です。「Sympli for Adobe XD CC」アプリを起動してサインインします。

2 その状態でXD上でアートボード（複数可）を選択すると、アプリの画面に選択したアートボードをアップロードする［Upload artboard to Sympli］ボタンが表示されます。クリック後に新規プロジェクトを作成または既存のプロジェクトを選ぶと、アップロードが開始されます。

3 ブラウザで該当プロジェクトを開くと、デザイン仕様の確認とプレビューができます。

Avocode（有料）　https://avocode.com/

Avocode（アボコード）はデザイン仕様の受け渡しのほか、画像の書き出しが可能です。有料サービスですが14日間のトライアル期間が設定されています。XDのほかPSD・Sketch・Figmaのファイルの読み込みが可能です。
アプリをインストールしてローカル環境で利用するほかに、一部の機能はブラウザ上のWebアプリでも利用できます。Windowsでも利用できます。

1 XDファイルを直接Avocodeの画面にドラッグ&ドロップして開くことができるので、より直感的に利用できます。

2 書き出し可能な画像形式はPNG・JPEG・SVG・WebPです。ほかのサードパーティと同様に、画像アセットの書き出しの際、あらかじめXDでバッチ登録を行うという準備が必要ありません。

プロトタイプへのインタラクションの適用

インタラクションは近年のUIデザインに欠かせない存在となっています。XDだけでは物足りないという場合に、アイコンが回転したり弾んだりするような動き（インタラクション）をすばやく簡単に作成することができるアプリケーションを紹介します。とくにスマートフォンアプリの制作に関わる人は導入を検討してみるとよいでしょう。

ProtoPie　https://www.protopie.io/

ProtoPie（プロトパイ）は、デザイナーがコードを記述することなく、直感的にインタラクションをつくり出せるプロトタイピングツールです。1年間のライセンス料は99ドルですが、7日間（アカウントを登録すれば10日間分延長可能）のトライアル期間が設けられています。

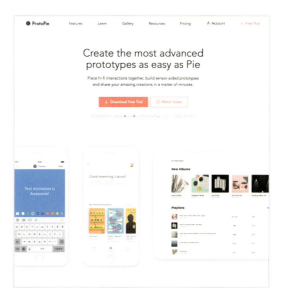

1 「写真やオブジェクトをクリックすると不透明度が下がり回転する」といった動きをオブジェクト・トリガー・レスポンスの3つを組み合わせることで簡単に実現することができます。

2 インタラクションのサンプルはデモページ（https://www.protopie.io/demo/）で確認する事ができます。

3 XDのファイルをインポートして、さらにリッチなインタラクションをつけることができます。

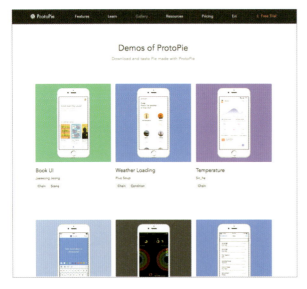

Kite Compositor　https://www.kiteapp.co

Kite Compositor（カイトコンポジター）はXDからパス、カラー、テキスト属性、シャドウなどのインタラクション可能なレイヤープロパティを保持したままインポートし、幅広いインタラクションを表現することができるアプリケーションです。1ライセンス99ドルですが、14日間のトライアル期間が設けられています。

同時に複数のオブジェクトに動きをつけるときもタイムラインで直感的に調整できます。

15-3 Zeplinとの連携

Zeplin（ゼプリン）はデザイナーからデベロッパーに
デザイン仕様を共有することに特化したアプリケーションです。
スタイルガイドの生成やコメント機能、共有機能などがあります。
1プロジェクトまでは無料で使うことができます。

Zeplinのインストール

1 Zeplinの公式Webサイト（https://zeplin.io/）にアクセスし、[Get started free] をクリックするとアカウント登録の画面になります。

2 任意のEmailアドレス・ユーザーネーム・パスワードを入力し❶ [Sign up FREE] のボタンをクリックします❷。

3 Mac版を選んでアプリをダウンロードします。

4 ダウンロードしたZIPファイルを展開したZeplin.appを、Macの「アプリケーションフォルダ」にドラッグ&ドロップするとインストール完了です。

XDのデータの受け取り

1 「Zeplin.app」をダブルクリックして起動させ、[Create first project]ボタンをクリックしXDからデータを受け取るための「プロジェクト」を作成しておきます。

2 ここでは[Web]選択し❶ [Create] ボタンをクリックします❷。

Lesson 15　Photoshopやサードパーティとの連携

3 右側にあるサイドパネルの一番上に、テキストフィールドでプロジェクト名を入力することができます（デフォルトでは「Untitled」と表示されています）❶。今回は「project_xd」と入力しましょう❷。左上の［< Projects］をクリックすると❸、プロジェクト一覧画面になります。

4 作成した「project_xd」プロジェクトが正常に保存されていることがわかります。

5 XDで、Zeplinへエクスポート（出力）したいファイルを開き、アートボードを選択し［ファイル］メニューから［書き出し］→［Zeplin］を選択します。

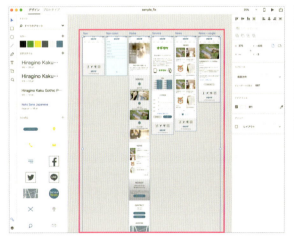
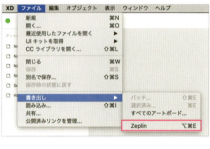

6 Zeplinの［Projects］というダイアログボックスが開いたら、先ほどZeplinで作成しておいたプロジェクト「project_xd」を選択して❶［Import］ボタンをクリックします❷。

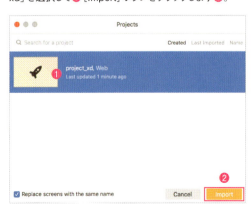

7 ［1x］を選択し❶、［Change］ボタンをクリックします❷。

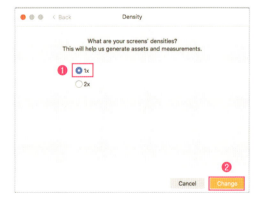

15-3 Zeplinとの連携

8 XDのデータがZeplinにインポートされます。

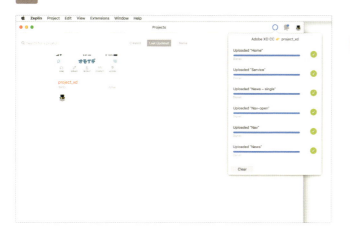

CHECK!
インポートエラーが起きたら

図のように「アートボードが選択されていません」とアラートボックスが出る場合は、再度XDでアートボードを選択し直してください。

デザイン仕様の取得

1 プロジェクトをダブルクリックすると、XDで選択したアートボードがすべて読み込まれているのがわかります。アートボードを1つ選んでダブルクリックします。

2 オブジェクトをクリックすると❶、サイドパネルに、色、サイズ、ほかのオブジェクトとの距離などさまざまな情報が確認できます❷。

3 選択したオブジェクト❶の、CSSはクラス名が自動で付加された状態で表示され、プロパティや値をコピーすることができるので❷、そのままコーディング用のエディタに貼りつけて使用することができます。

4 文字部分をクリックし❶、サイドパネルの[Content]の[Copy]をクリックすると❷テキストをコピーすることができます。

Lesson 15　Photoshopやサードパーティとの連携

スタイルガイドの作成

1　色がついている背景などをクリックし❶、サイドパネルの[Fillls]にポインターを重ねると雫のようなマークが表示されます❷。このマークをクリックすると[Added to Styleguide]とメッセージが表示されます。

2　同じように、テキストをクリックし❶、[Typeface]にポインターを重ねると[Aa]マーク❷が表示されるので、クリックしておきます。

3　画面左上の[< Dashboard]をクリックして戻り、[Styleguide]に切り替えると❶、先ほど選択した内容が[Color Palette]❷[Font Book]❸に保存されていることが確認できます。

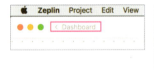

コメント機能

1　右下の[＋]ボタンを押すと「'⌘＋Click'anywhere on the screen to add notes.」というポップアップが表示されます。

2　⌘キーを押しながらコメントを入力したい場所をクリックすると、コメントが入力できるようになります。

3　コメントを入力し、[Post]をクリックすれば❶、コメントが入力できます❷。

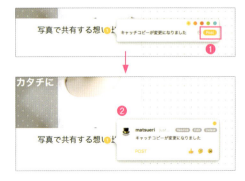

234

15-3　Zeplinとの連携

右側の各タブの機能

● Information
［File］をクリックすると直接XDを開くことができます。

● Colors
開いているアートボードで使われている色が確認できます。

● Assets
XDであらかじめバッチ登録しておいたアイテムが表示されます。

● Notes
コメントの一覧が確認できます。

> **CHECK!** ［Assets］の画像の保存
>
> ［Assets］のアイテムは右クリックしてPNGまたはSVG形式で保存することができます。また、何も登録されていない場合は、右図のように表示されますので、XDでバッチマークを追加（8-2参照）して再度エクスポートすると、アイテムが表示されるようになります。

スタイルガイドをブラウザで表示する

Dashboardの画面で右側のサイドパネルに表示される［Scene］のマークをクリックし❶、［Share］ボタン❷をクリックすると、スタイルガイドをブラウザで表示することができます。

INDEX

●●● 記号・数字 ●●●

100％表示	35
1x、2x、3x	122
200％表示	35
8の倍数	184

●●● アルファベット ●●●

Adobe Creative Cloud	105
Adobe XD	20, 24
Androidのガイドライン	122
Avocode	229
CCライブラリ	105, 225
CCライブラリのリンクを解除する	164
Color Tester	201
Creative Cloud Assets	150
dp (density-independent pixels)	149
Creative Cloudファイル	138, 151
Creative Cloudライブラリ	105
Googleのマテリアルデザイン	159
GUI	18
hdpi	122
Hex	43
HSB	43
HSLA	149
Illustratorからテキストをコピーする	77
Illustratorでアセットを登録する	111
Illustratorでのアピアランス	83
iOSヒューマンインターフェイスガイドライン	159
JPGでの保存オプション	123
Kite Compositor	230
ldpi	122
mdpi	122
Noto Sans	199
PC用のグリッド	126
PC用のデザイン	222
PDFでの保存オプション	123
Photoshopからテキストをコピーする	76
Photoshopからの画像の読み込み	80
Photoshopでアセットを登録する	110
Photoshopとの連携	224
pixel	25
PNGでの保存オプション	121
ppi	25
ProtoPie	229
PSDファイルをXDで読み込む	226
pt	25, 149
px	25, 149
Retinaディスプレイ	122
RGB	43
RGBA	149
Source Han Sans	199
SVGデータの読み込み	83
SVGでの保存オプション	123
Sympli	228
UI	18
UIキット	26, 156, 211
User Voice	21
UX	18
WCAG (Web Content Accessibility Guidelines)	201
Windows版の機能・表示の違い	21
Windows版のメニュー	22
XD	20
XDドキュメント	139
XDの開発速度	21
XDの基本	23
XDのデータ形式	24
XDの用途	20
XDモバイルアプリ	136
xhdpi、xxhdpi、xxxhdpi	122
Zeplin	231

●●● あ ●●●

アートボード	28, 30
アートボード選択	26
アートボードツール	29
アートボードの移動	31
アートボードの同じ位置に配置する	166
アートボードの検索（デザインスペック）	149
アートボードの整列	32
アートボードの設定	27
アートボードの塗りを変更する	30
アートボード名を変更する	30
アートボードを追加する	31
アートボードを複製する	31
アイコンを作成する	66
アクセシブルな配色	201
アセット	28, 96
アセットの検索	108
アセットをCCライブラリで共有する	110
アピアランス	40, 74
アピアランスをペースト	33
アルファ	43
アンカーポイント	49
アンカーポイントの削除・追加	51
イージング	131
色の抽出	47
色の変化よるバランス	188
インタラクション	129, 208, 229
インタラクションの確認	17

INDEX 索引

インタラクションの削除	131
インタラクションをペースト	134
インタラクティブオブジェクトをコピーする	133
インタラクティブプロトタイプ	128
上揃え	32
ウォーターフォール	13
エリア内テキスト	70
円形グラデーション	46
黄金比	184
オープンパス	51
オブジェクト	36
オブジェクト（図形）の情報	40
オブジェクトの合成	63
オブジェクトの選択	208
オブジェクトのぼかし	55
オフラインで使用可能	139
折り返しを描く	60

••• か •••

カーニング	73
回転	40, 72
書き出し先	121
書き出し設定	121
各辺に異なるマージンを使用	118
影をつける	53
重ね順	64
重ね順を調整する	166
下線	74
下線はリンクと判断される	199
画像の書き出し	120, 218
画像を切り抜く	82
画像を配置する	81
合体	63
カット	33
角丸	54
画面からカラーを選択	47
画面に合わせてすべてをズーム	35
画面表示の拡大縮小	39
カラーアセットの編集	104
カラーコード	43
カラーの形式	149
カラーの適用	96, 106
カラーの登録	96
カラーの編集	97
カラーピッカー	43
カラーを登録する	45
カラム	116
行送り	73
境界線	43
境界線の位置	48

境界線の設定	48
共同利用	113
共有	28
グラデーション	45
グラデーションのアセット登録	97
グラデーションの角度	46
グラフィックの適用	106
グリッド	116
グリッドを表示／非表示	116
グループ化	34
グループ化解除	34
グループ内の単体を選択する	124
グループ化のオブジェクトの選択	34
クローズパス	51
継続時間	129
結合部分をコピー	224
源ノ角ゴシック	199
公開済みリンクを管理	150
公開リンクの更新	142
公開リンクを作成	144
コーナーポイント	50, 58
この画面を画像として共有	138
コピー	33
コメント機能（Zeplin）	234
コメントの入力と編集	143

••• さ •••

サードパーティとの連携	228
最近使用したファイル	26
彩度	43
削除	34
シェイプでマスク	82
色相	43
下揃え	32
シャドウ	53
ショートカットキー	22, 29
新規書類の作成	26
新規ライブラリの作成	110
シンボル	101
シンボルの登録	101
シンボルの配置	102
シンボルの編集	102
シンボルを同じ名前にする	109
垂直方向に分布	32
水平方向に分布	32
ズームアウト	35
ズームイン	35
ズームツール	29, 39
スクロール位置を保持	132
図形の編集	49

237

図形を描く	38	デスクトッププレビュー	28, 130
スタート画面	26	デバイスプレビュー	28, 136
スタイルガイド	234	電話の発信画面	211
ステータスバー	157	透過度	43
ストーリーの確認	16	ドットパターン	94
すべてのアートボードを書き出し	120, 125	トランジション	131
すべてを選択	34	取り消し	33
すべてを選択解除	34		
スムーズポイント	50, 58	••● な ●••	
正円を描く	38	中マド	64
正方形を描く	38	波線を描く	60
整列	42, 159	入力時のUI	217
セグメント	48, 58	入力フォームのエラー画面	212
設定サイズ	121	入力フォームの作成	198
線形グラデーション	45	塗り	43
選択した項目の書き出し	120, 124		
選択ツール	29	••● は ●••	
選択の解除	42	背景のぼかし	54
選択範囲からカラーを追加	96	背面のオブジェクトの選択方法	176
選択範囲からシンボルを作成	96	白銀比	184
選択範囲から文字スタイルを追加	96	パスの編集	62
選択範囲ツール	29	パスファインダー	63
選択範囲に合わせてズーム	35	パスワードを要求する	142
線ツール	29	バッチ書き出し	120
線の位置	83	バッチマークを追加	235
前面のオブジェクトで型抜き	63	ハンドル	50, 58
線を描く	39	ハンドルの削除・追加	50
		ピクセル	25
••● た ●••		ピクセルグリッドに整合	67
ターゲット	129	左揃え	32
楕円形ツール	29, 38	ビットマップ画像	25
タップエリア	209	ビットマップ画像の読み込み	79
縦横比を固定	40	非表示	35
単位	25	ビューポート	32
段間隔	116	ビューポートの高さ	32
中央揃え（垂直方向）	32	表示	35
中央揃え（水平方向）	32	表示領域の高さ	32
中心から描く	38	開く	26
長方形ツール	29, 38	ピンチアウト	39
ツールバー	28	ピンチイン	39
テキスト	70	フィボナッチ数列	184
テキストツール	29	フォルダーを共有する（Creative Cloudファイル）	151
テキスト入力中の画面	215	「フォロー」を許可	113
テキストの装飾	74	フォント	73
テキストの読み込み	75	フォントサイズの最小	160
テキストをパスに変換する	78	フォントスタイル	73, 185
デザイン仕様	228, 233	複合パス	81
デザインスペック	145, 228	複数のアートボードの選択	31
デザインスペックで数値やテキストをコピーする	148	複数のオブジェクトを選択する	41
デザインの確認	16	複製	33

238

INDEX 索引

フッター	170
不透明度	44
ブラウザからの画像の読み込み	79
フラットデザイン	200
フルスクリーンで開く	142
プレビューを録画	21, 130
プロトタイピング	12
プロトタイピングでできること	15
プロトタイピングの意味	15
プロトタイピングの基本	12
プロトタイピングの効果	12
プロトタイプの公開	142
プロトタイプの作成	128
プロトタイプのリンクを共有	139
プロトタイプモード	130
プロパティインスペクター	28, 40
ページャー	205
ペースト	33
ペーストボード	28
ペーパープロトタイプ	12
ベクターデータ	24
ベクターデータの読み込み	83
ベタ塗り	45
ヘッダー	158
別名で保存	27
ペンツール	29, 58
ポイントテキスト	70
方眼グリッド	118
ホーム画面	128
ぼかし	54
保存	27
「保存」を許可	113
ボタンのデザイン	200
ホットスポットのヒント	138
ホットスポットのヒントを表示	142

●●● ま ●●●

マージン	116
マスクグループ	218
マップピン	56
三日月を描く	61
右揃え	32
明度	43
メインメニュー	28
モード切り替え	28
文字サイズ	70, 72
文字スタイル	99, 193
文字スタイルの適用	100, 106
文字スタイルの登録	99
文字スタイルの編集	100
文字揃え	73
文字で写真を切り抜き	84
文字の間隔	73
文字範囲の選択	71
モックアップ	12

●●● や ●●●

やり直し	33
ユーザー・インターフェース	18
ユーザー・エクスペリエンス	18
ユーザビリティ	18
予測線	58
読み込み	75, 79

●●● ら ●●●

ライブプレビュー	137
ライブラリを共有する	105
ライブラリを読み込む	112
リピートグリッド	86
リピートグリッドでのデータ配置	90
リピートグリッドで表を作成する	195
リピートグリッドでメニューを作成する	168
リピートグリッドに画像を読み込む	89
リピートグリッドにテキストを読み込む	89
リピートグリッドに名前をつける	221
リピートグリッドの解除	88
リピートグリッドのデータの上書き	93
リピートグリッドの中身をシンボル化する	162
リピートグリッドのマージン	87
リピートグリッドをまとめて書き換える	180
リンク画像の編集	107
リンクされた左右のマージン	118
リンクの解除	107
リンクを共有	113
レイアウトグリッド	116
レイヤー	28
レイヤー名の変更	125
レスポンシブWebデザイン	183
列	116
列の幅	116
ロック	34
ロック解除	34
ロックの状態確認	34

●●● わ ●●●

ワークスペース	28
ワイヤーフレーム	172

アートディレクション　山川香愛
カバー写真　川上尚見
カバー&本文デザイン　原 真一朗（山川図案室）
本文レイアウト　加納啓善　白土朝子（山川図案室）
イラスト　北村 崇
編集担当　和田 規

世界一わかりやすい Adobe XD UIデザインとプロトタイプ制作の教科書

2018年6月27日　初版　第1刷発行
2019年5月31日　初版　第2刷発行

著　者　北村　崇
発行者　片岡　巌
発行所　株式会社技術評論社
　　　　東京都新宿区市谷左内町21-13
　　　　電話 03-3513-6150　販売促進部
　　　　　　 03-3513-6160　書籍編集部
印刷／製本　共同印刷株式会社

定価はカバーに表示してあります。
本書の一部または全部を著作権の定める範囲を越え、
無断で複写、複製、転載、データ化することを禁じます。
©2018　北村 崇

造本には細心の注意を払っておりますが、
万一、乱丁（ページの乱れ）や落丁（ページの抜け）がございましたら、
小社販売促進部までお送りください。送料小社負担でお取り替えいたします。
ISBN978-4-7741-9838-5　C3055　Printed in Japan

著者略歴

北村　崇 (Takashi Kitamura)

デザイナー／Adobe Community Evangelist
1976年生まれ、神奈川県秦野市出身。ロゴやグッズなどのグラフィックデザインや、Webディレクター、デザイナーとしてデザインからCMS構築まで一貫した制作業務を得意とし、コンサルタント／アドバイザーとしてデザインやプロジェクトのサポートも行う。また勉強会やセミナー、企業研修など、年間数十回の登壇と、書籍執筆など制作業務以外の活動も行なっている。

執筆協力(Lesson15)
ツキアカリ　松下 絵梨
株式会社IMAKE　濱野 将

●お問い合わせに関しまして

本書に関するご質問については、右記の宛先にFAXもしくは弊社Webサイトから、必ず該当ページを明記のうえお送りください。電話によるご質問および本書の内容と関係のないご質問につきましては、お答えできかねます。あらかじめ以上のことをご了承のうえ、お問い合わせください。
なお、ご質問の際に記載いただいた個人情報は質問の返答以外の目的には使用いたしません。また、質問の返答後は速やかに削除させていただきます。

宛先：〒162-0846
東京都新宿区市谷左内町21-13
株式会社技術評論社　書籍編集部
「世界一わかりやすいAdobe XD
UIデザインと
プロトタイプ制作の教科書」係
FAX：03-3513-6167

●技術評論社Webサイト
http://gihyo.jp/book/

なお、ソフトウェアの不具合や技術的なサポートが必要な場合は、アドビシステムズ株式会社　Webサイト上のヘルプページをご利用いただくことをおすすめします。

アドビ ヘルプセンター
http://helpx.adobe.com/jp/support.html